国家环境保护“十二五”规划基本思路研究报告

STUDY REPORT ON ENVIRONMENTAL PLANNING THOUGHTS FOR THE“TWELFTH FIVE-YEAR PLAN”PERIOD

吴舜泽　洪亚雄　王金南　陆　军　等著

中国环境科学出版社·北京

图书在版编目（CIP）数据

国家环境保护“十二五”规划基本思路研究报告 / 吴舜泽，洪亚雄，王金南等著. —北京：中国环境科学出版社，2011.10

ISBN 978-7-5111-0724-4

Ⅰ. ①国… Ⅱ. ①吴…②洪…③王… Ⅲ. ①环境保护—五年计划—中国—2011—2015 Ⅳ. ①X-12

中国版本图书馆 CIP 数据核字（2011）第 196285 号

责任编辑 陈金华
责任校对 唐丽虹
封面设计 玄石至上

出版发行 中国环境科学出版社
（100062 北京东城区广渠门内大街 16 号）
网　址：http://www.cesp.com.cn
联系电话：010-67112765（总编室）
发行热线：010-67125803，010-67113405（传真）

印　刷 北京市联华印刷厂
经　销 各地新华书店
版　次 2011 年 10 月第 1 版
印　次 2011 年 10 月第 1 次印刷
开　本 787×1092 1/16
印　张 11.75
字　数 240 千字
定　价 35.00 元

《国家环境保护“十二五”规划基本思路研究报告》

技 术 组

吴舜泽　洪亚雄　王金南　陆　军　万　军　蒋洪强

王　东　严　刚　张惠远　逯元堂　葛察忠　曹　东

王　倩　吴悦颖　陈潇君　王夏辉　朱建华　李红祥

贾杰林　刘伟江　蒋春来　饶　胜　侯贵光　李　娜

刘兰翠　周劲松　赵　越　宁　淼　许开鹏　孙　宁

徐　敏　薛文博　吕文魁　程　亮　周　颖　于　雷

孙　娟　燕　丽　迟妍妍　牛昆玉　余向勇　孙亚梅

李　新　郑　伟　许艳玲

统　稿：吴舜泽　万　军　王　倩　李　新

序 言

国家环境保护“十一五”规划，是首次由国务院印发的国家环境保护五年规划，两项主要污染物控制指标，作为约束性指标纳入我国国民经济与社会发展第十一个五年规划纲要。“十一五”期间，在党中央、国务院的高度重视下，通过各级政府、各部门、社会各界的共同努力，环境保护工作取得突破性进展，“十一五”环境保护规划确定的主要目标和重点任务全面完成。在此期间，环保规划在明确“十一五”环境保护奋斗目标、统筹安排环境保护重大任务、提高环境保护管理水平等方面发挥了重要作用。

“十二五”时期是我国实现全面建设小康社会奋斗目标的关键时期，也是解决重大环境问题的战略机遇期，国家环境保护“十二五”规划的研究编制显得尤为重要，一开始就得到了各方面的高度重视和大力支持。在环境保护部的直接领导下，规划财务司全程参与，环境规划院组织全院技术力量，联合了一批科研单位，开展前期研究，经过两年多努力，形成了环境保护“十二五”规划基本思路。2009年12月16日，环境保护部周生贤部长主持召开环境保护部常务会议，审议并原则通过《国家环境保护“十二五”规划基本思路》。

环境规划院基本思路研究技术组在回顾“十一五”环境保护主要成果和经验的基础上，对“十二五”环境保护面临的形势进行了分析，认为“十二五”期间，我国仍将处于工业化和城市化快速发展阶段，环境问题日趋复杂，资源环境约束强化，环境保护工作机遇与环境压力并存。为了探索中国环保新道路，解决影响可持续发展和损害群众健康的突出环境问题，创造性地提出将削减总量、改善质量、防范风险作为“十二五”环保规划的三个着力点，即着力通过总量控制实现宏观层面环境形势基本面持续趋好，以要素为切入点大力推进区域层面环境质量改善，保障环境安全、防范环境风险，体现规划的先导性。同时研究提出了推进环境基本公共服务均等化的重大政策创新建议。基本思路的一系列判断与构想，紧密结合了经济社会发展和环境保护的历史阶段，形成了国家环保“十二五”规划的战略任务框架，也吸收纳入了国家国民经济与社会发展“十二五”规划纲要。

基本思路研究凝练了“十一五”环保规划实施情况总结、“十二五”环保规划展望的核心内容，是国家“十二五”环境保护规划研究编制的重要阶段性成果，是国家环境保护“十二五”规划研究编制的基本框架文件，并通过“十二五”环境保护规划分片座谈会、发各省（自治区、直辖市）环境保护厅局等形式，成为指导各省市编制“十二五”环境保护规划的纲领性文件，对国家和全国各地“十二五”环保规划编制起到了先导性、指示性的作用，对全国“十二五”环境保护发挥了基础和引领作用。

在基本思路研究的过程中，环境保护部规划财务司原司长舒庆、副司长尤艳馨、规划处处长李春红、规划处刘春艳、张箫等同志，全程参与研究工作，及时给予指导和大力支持，对《国家环境保护“十二五”规划基本思路》的形成作出了贡献。几十家前期研究单位也对规划思路的形成起到了积极的作用。

国家环保“十二五”规划的研究编制，得到了社会各界的广泛关注和大力支持。秉承“开门编规划”的原则，现将规划基本思路研究报告结集出版，以飨读者。希望本书的出版，有助于读者比较系统地了解规划基本思路出台的过程，了解规划对现状、形势、问题、战略、任务设计的考虑，加深对“十二五”环境保护规划乃至环境保护工作的理解。

应该说明的是，基本思路研究属于阶段性成果，研究报告与思路、规划文本之间也存在一些表达方式、体例的差异，在文字表述和数据引用等方面，还存在很多不够新、不够准确、值得商榷之处，恳请读者批评指正。

著　者

2011 年 8 月

目 录

第1章

“十二五”规划基本思路设想

1.1 环境形势

【“十一五”规划实施】

在党中央、国务院的正确领导下，各地区、各部门认真贯彻落实《规划》要求，以污染物减排两项约束性指标为抓手，兼顾环境质量改善，严格落实环境保护目标责任制，强化政府规划实施责任，大力推进治污进程，在宏观经济超预期增长、资源环境压力巨大的背景下，环境污染恶化趋势得到基本控制，部分地区环境质量有所改善，《规划》实施进展情况总体上基本顺利，环境保护从认识到实践都发生了重要转变。除地表水国控断面劣Ⅴ类水质的比例指标完成程度落后于时间进度外，两项主要污染物排放总量控制约束性指标、七大水系国家监控断面中Ⅰ～Ⅲ类水质断面比例、环保重点城市空气质量好于Ⅱ级标准的天数超过 292 天的城市比例 4 项指标均接近、已经或预计可以完成。环境监管能力建设工程、城市污水处理工程、燃煤电厂及钢铁行业烧结烟气脱硫工程、城市垃圾处理工程 4 项工程的建设进度良好，危险废物和医疗废物处置工程、铬渣污染治理工程、重点流域水污染防治工程、核与辐射安全工程 4 项工程建设进度与时间基本保持一致，重点生态功能区和自然保护区建设工程、农村小康环保行动工程两项工程的建设进度滞后。《规划》确定的各项环保工作任务稳步推进，工作成效显著。

但是“十一五”期间产业结构调整偏慢，经济增长的资源环境压力较大，规划投入不足，环境保护及其规划实施的机制制度尚未有效建立，环境保护形势不容乐观。个别省份、行业（电力）或区域流域有可能难以实现总量减排目标；衡量水环境整体质量水平的劣Ⅴ类水体比例指标不容乐观；环保重点城市未达到空气质量二级标准的城市比例仍占 51.5%（其中空气质量为三级标准的城市占 41.6%）；要实现 2010 年区县级监测 80%达标、监察 70%达标难度极大（其中未达标主要集中在区县一级，涉及的因素主要为人员编制、业务用房、专项设备等）；危险废物和医疗废物处置工程竣工验收和配套政策完善需要加快以便充分发挥效益；部分铬渣治理项目需要尽快推进；新增管网长度距离 16 万 km 的规划要求差距较大，不少地区污水处理负荷偏低，县城城市污水处理率很难达到 30%的要求；火电脱硫工程建设质量不容乐观，稳定运行是薄弱环节，脱硫石膏等问题需要抓紧解决；钢铁行业烧结机烟气脱硫工程不少未正常运行；重点生态功能区和自然保护区建设工程基本处于前期；实质性农村小康环保行动投资渠道不多，建设标准缺乏，农村环境整治工作比较薄弱。

【2020 年前环境形势分析】

1.1.1 经济形势分析

受全球金融危机影响，“十二五”期间我国经济将有一个调整到恢复的过程，预计到 2015 年，GDP 总量将达到 54.6 万亿元（2008 年不变价），到 2020 年，GDP

总量将达到 78.9 万亿元。我国产业结构将呈现不断优化升级趋势，第三产业逐步成为经济发展的支柱产业。

到 2020 年，我国经济增长的需求结构将发生较大变化，将逐步由投资、出口拉动为主的需求结构向最终消费拉动为主需求结构转变，投资率在 2015 年前后达到历史最高水平，并在高位维持到 2020 年，“中国制造、供应全球”的国际分工格局将维持到 2030 年左右。2009—2020 年我国消费需求将保持稳步加快的增长态势。2010 年以后，消费需求对经济增长的拉动作用明显超过投资和出口需求，最终消费对经济的贡献率将保持在 50%以上。

1.1.2 环境特征

（1）城镇化环境问题。中国城镇化率由 1978 年的 17.9%上升到 2007 年的 44.9%，年均上升 0.9 个百分点（其中 1996—2005 年城市化率年均提高 1.44%）。今后一段时间，我国城镇化水平将保持在每年提高 1 个百分点左右的水平上，到 2010 年，我国城镇化率将达到 48%，城镇人口将达到 6.45 亿；到 2015 年，我国城镇化率将达到 53%，我国城镇人口将达到 7.31 亿，城镇人口将首次超过农村人口；到 2020 年达到 58%，城镇人口将达到 8.18 亿，城镇人口是农村人口的 1.4 倍左右。2010 年、2015 年和 2020 年城镇生活垃圾产生量将分别达到 23 542 万 t、29 349 万 t 和 35 828 万 t，分别是 2007 年的 1.14 倍、1.42 倍和 1.74 倍。与此同时，我国城镇化水平在东、中、西部地区极不均衡，东部地区城镇化水平远远高于西部地区。城市汽车尾气污染、细颗粒物污染、氧化性增强等城市环境问题将日益严重。

（2）消费转型环境问题。到 2020 年，我国人口将达到 14.1 亿左右，由于人口的增长，特别是由于人民生活水平的提高，我国消费转型带来的环境问题日益突出。2010 年居民生活用能为 2.4 亿 t 标煤，2020 年居民生活用能达到 3 亿 t 标煤。高档耐用工业产品、肉蛋奶等畜禽产品的消费总量不断增加，电器、房屋以及汽车等家用消费品的增长速度还要加快，废旧家用电器、建筑废弃材料、报废汽车和轮胎等的回收和安全处置将成为未来 10 年乃至更长一段时间内一个重要的环境问题。

（3）农业和农村现代化环境压力。若 GDP 在 2011—2015 年内按 9%的速率增长，农业增加值按约 4.9%速率增长。预计 2015 年全国第一产业增加值 47 497 亿元，考虑到城镇化率增长，农村人口 2015 年大约为 6.49 亿，与农业现代化伴随的农业物质投入加大将有可能使农业面源污染更加严重，大量农村人口生活消费水平和总量的逐步提升，农民对改善农村生活生产环境的迫切愿望，以及农村、农业环境问题的历史欠账，将使我国环境保护面临前所未有的压力和挑战。

（4）新的环境问题日益凸显。①生物技术对生态环境的影响具有很大的不确定性，一些新的生物物种和转基因农作物对生物安全、食品安全和生态环境安全存在风险；②科学技术的快速发展导致和促进了大量的新化学物质的合成，而有些化学物质可能成为自然系统中新的持久性有机污染物（POPs），反过来对人类健康和自然生态平衡构成威胁；③随着现代信息技术的发展，产生大量的“现代垃圾”和电磁污染，如处置不当，对水环境和土壤环境造成新的危害；④随着经济的发展和机动车保有量的快速增长，流动源污染越来越严重；⑤由于现有的大气污染防治技术和管理政策还停留在对总悬浮物颗粒物的控制上，现有的除尘技术并不能有效控制细颗粒污染物的问题，使得 $PM_{2.5}$ 等细颗粒物污染问题严重。

（5）贸易与国际履约环境问题。对外贸易依存度过高也造成了一系列的问题。2002—2006 年，我国出口贸易的总能源消费约占总能源消费量的 40%，出口贸易造成的水资源消耗约占水资源消耗总量的 20%，出口贸易造成的大气污染物排放约占大气污染物排放总量的 27%，出口贸易造成的水污染物排放占水污染物排放总量 15%～20%，出口贸易导致的污染经济损失占我国环境污染经济损失的比例在 17%～19%。在环境履约方面，我国面临着严峻的挑战。SO_2 和消耗臭氧层物质（ODS）排放量居世界第一位；CO_2 排放量已居世界首位，CO_2 排放量还将逐年增加，控制任务十分艰巨。预计到 2010 年、2015 年和 2020 年，全国人均 CO_2 排放量将分别达到 3.4 t、3.7 t、4.0 t，电力行业（占整个 CO_2 排放量的 40%以上）、化学工业、交通运输业、黑色金属冶炼及压延加工业、其他非金属矿物制品业，以及居民生活的 CO_2 排放量占到了整个 CO_2 排放量的 85%以上。我国与周边国家在污染越境转移、跨界河流污染、野生动物越境保护等方面，都可能成为外交摩擦的隐患。国际经贸领域日益严格的“绿色壁垒”，将增加我国对外贸易和环保工作的难度。

总之，上述压力的共同作用，将使得我国环境问题变得更为复杂和不确定：污染物介质从大气和水为主向大气、水和土壤 3 种污染介质共存转变，污染物来源由单纯的工业点源污染向工业点源污染和农村、生活面源污染并存转变，污染物类型从常规污染物向常规污染和新型污染物的复合型转变，污染范围从以城市和局部地区为主向涵盖区域、流域和全球尺度转变。日益严重而又复杂的环境问题，将制约经济和社会的发展，危害群众健康，危及公共安全和社会和谐，阻碍全面建设小康社会目标的实现，我们必须给予高度重视，未雨绸缪，不断探索新的解决方法和途径。

1.1.3 水、气主要污染物排放预测

（1）废水排放量呈上升趋势，主要水污染物排放量总体呈上升趋势，治理任务仍相当艰巨。

城镇生活新增　2008 年全国总人口为 13.28 亿，按照年均增长率 0.5%计算，到 2010 年全国总人口为 13.44 亿（城镇人口 6.45 亿）。“十二五”期间人口自然增长率按照 0.5%计算，2015 年全国总人口为 13.80 亿。城镇化增长率按照 4.5%、5%和 5.5% 3 种情景，预测城镇人口增量为 0.79 亿、0.86 亿和 0.93 亿；根据污染源普查给出的 5 区 5 类城镇生活产排污系数进行加权平均，人均废水排放量为 143 L/d，计算城镇生活废水增量分别为 41 亿 t、45 亿 t 和 49 亿 t，人均城镇生活 COD 排放系数取污染源普查给出的 5 区 5 类平均 70 g/d，计算城镇生活 COD 排放增量分别为 203 万 t、220 万 t 和 238 万 t（基准情景按照 45 亿 t 污水和 220 万 t COD 新增量计）。

工业废水量预测　2000—2007 年工业废水排放量年均增长率为 3.5%，2005—

2007 年工业废水排放量年均增长率为 1.3%。“十二五”期间工业废水年均增长率考虑 3.5%、4%和 5% 3 种情景进行预测，工业废水排放增量分别为 48 亿 t、56 亿 t 和 71 亿 t。

工业 COD 排放增量 ①按照工业废水排放浓度测算，“十二五”期间工业 COD 排放增量为 149 万 t；②GDP 年均增长率 9%，按照预计的 2010 年单位 GDP COD 排放强度测算，工业 COD 排放增量为 240 万 t；③按照扣除低耗水行业后 2010 年工业 COD 排放强度测算，“十二五”工业 COD 排放增量为 179 万 t；④按照“十一五”工业 COD 新增量等比例推算，“十二五”期间，工业 COD 排放增量为 357 万 t。

COD 新增量合计 “十二五”期间 COD 新增量主要取决于经济发展模式，前述 4 种方法再加上生活新增后，COD 排放增量总计分别为 369 万 t、460 万 t、399 万 t 和 577 万 t。同时，前期研究中还利用 39 个行业进行了分别预测，在保持现有治理水平和力度下、修正了生活新增预测后，2015 年比 2010 年将新增 COD 排放量 343 万 t。预测也表明，若延续历史趋势、按照处理水平正常提高，2015 年比 2010 年排放量还有一定程度的增加。综合各类分析预测方法，“十二五”期间，COD 排放量新增 400 万 t 左右较为客观。

氨氮新增量测算 人均城镇生活氨氮排放系数为 8.4 g/d，计算城镇生活氨氮排放增量分别为 24 万 t、27 万 t 和 29 万 t。工业 COD 氨氮排放量新增为 38 万～45 万 t，综合分析，2015 年将比 2010 年氨氮新增 68.5 万 t 左右。

（2）SO_2 排放量趋于稳定，但新增排放量仍然较大，NO_x 排放量呈增长态势。

能源预测 若“十二五”期间 GDP 增速 9%、单位 GDP 能耗下降 20%（假定 2010 年单位 GDP 能耗 1.04 t 标煤/万元）、煤炭占一次能源消费量比例为 66%，则预计 2015 年全国煤炭消费总量为 35 亿 t；其中，若发电用煤占 58%，则电煤消费量约为 20 亿 t。

二氧化硫 预计 2010 年全国 SO_2 排放量为 2 250 万 t，其中电力为 950 万 t。新增火电机组全部脱硫，按照脱硫效率 80%计算，燃煤机组装机容量不超过 9 亿 kW，则火电行业将新增 SO_2 排放量为 150 万 t 左右。非电力行业新增产能 SO_2 排放强度降低 20%，则 SO_2 排放增量约为 120 万 t。则 2011—2015 年 SO_2 排放增量约为 270 万 t（其中电力行业 150 万 t）。分行业的预测也表明，如保持 SO_2 处理水平不变（电力行业 SO_2 去除率为 58.3%，其他行业为 50.8%），则到 2015 年，SO_2 排放量为 2 456 万 t，在 2010 年基础上新增 206 万 t 左右。

氮氧化物 由于能源消费增加和机动车保有量的上升，NO_x 产生量大大增加，如在现有处理水平正常提高情景下，NO_x 排放量仍呈增加趋势，电力行业将新增 NO_x 排放量 130 万 t 以上。

【中长期发展阶段性把握】

据研究，我国人口在 2020 年将达到 14.4 亿左右，2030 年前后达到高峰（15 亿～16 亿），到 2050 年下降到 14 亿左右。2020 年和 2030 年城镇化率将分别超过 55%和 60%，到 2050 年我国城镇化率将超过 70%，达到中等发达国家目前的水平。按照“十六大”提出的目标，到 2020 年实现 GDP 总量比 2000 年翻两番（7%左右增速），达到 5.1 万亿美元（1990 年不变价），人均 GDP 将达到约 3 500 美元（1990 年不变价），跻身世界中等收入国家之列。到 2030 年，我国 GDP 总量将超过 9 万亿美元（1990 年不变价），人均 GDP 将在 2030 年达到 6 000 美元左右（1990 年不变价），在中等收入国家中处于较高水平。到 2050 年我国 GDP 总量将达到 18.4 万亿美元（1990 年不变价），并有可能超过美国成为世界第一大经济体，人均 GDP 将超过 13 000 美元（1990 年不变价），跻身高收入国家行列。

总体来说，就发展阶段而言，2020 年左右我国工业化阶段基本完成，第二产业仍是经济主导产业，但其对 GDP 的贡献率已经下降到 50%，城市化发展速度仍然较快。2020 年之后我国将进入完成工业化和进入知识经济之间的过渡期，2030 年的经济发展水平达到发达国家的初期阶段。从不同因子、不同角度分析研究来看，我国将可能在 2020—2030 年出现资源能源环境高峰。到 2020 年前，以家用电器、房地产和汽车为代表的产业发展具有典型高能耗、高物耗的特征，将给中国环境带来持续增加的压力，我国经济社会发展对环境的压力总体上还将持续增加，增长的资源环境代价还将在一定时期内居高不下，人口增长和消费转型产生空前的环境压力，结构性污染和粗放型增长方式使环境资源压力持续增加，城市化进程加速和产业结构向重化工方向转变对环境造成较大的冲击负荷，经济全球化和科技发展对环境保护带来新挑战和新问题。“十二五”期间我国处于人均 GDP 3 000～4 000 美元（1990 年不变价）的工业化中期，是环境库兹涅茨曲线（Kuznet Curve）上升阶段，是经济社会发展的转型期、环境问题的高发期、资源能源环境矛盾的集中期、实现 2020 年全面建设小康社会目标的关键期、环境需求和压力的凸显期、新型环境问题不断涌现的历史期。

【阶段战略路线选择】

发展阶段性将直接决定我国经济和社会发展的环境特征。应深刻认识到 2020 年前我国仍然处于工业化这一历史阶段，充分认识到环境管理是整个工业化过程控制中的一环，把握环境改善的多重性和阶段性，有效处理环境与经济、全局与局部、预防与控制、成果与效益、建设与管理、发展与保护、政府主导与公众参与的关系。

今后到 2020 年，在人口、资源、能源等高峰没有到达前，在产业结构、消费结构、城乡结构尚未转型前，仍然是我国环境压力持续增大期，是污染总量的遏制和控制阶段。以保障人体健康和环境安全作为环境管理的首要目标，重点控制主要污染物的排放增长，避免因环境污染带来的食品安全、饮用水安全和公共安全问题，避免大规模、恶性的环境损害造成的健康问题，减少环境事故风险。

2020—2030 年后，如果经济结构若能成功转型，在技术进步、经济结构与消费方式改变等的综合作用下，我国常规污染物产生量和排放量压力将逐步减轻，压力增长放缓，伴随工业化、城镇化过程中的常规污染问题将有可能得到根本解决，环境质量在 2030 年左右有可能实现全面改善，人体健康得到有效保障。但一些具有长期累积特征的特殊污染物、新型环境问题仍然可能持续上升，但是增速会有所减缓。

1.2 总体思路

“十一五”规划实施进度首次达到了规划目标的进度要求，部分指标超额完成任务，规划经验需要在“十二五”规划中继续贯彻并进一步优化完善。①以环境优化经济增长、让江河湖泊休养生息、三个“转变”等重大战略思想提出并逐步落实，环境保护从认识到实践都发生了重要转变；②通过总量核查、目标责任状、流域规划评估等严格落实了地方政府环境保护责任，一些地方推行的河长制、断面目标考核补偿等也切实调动了地方政府抓环境保护的积极性；③大工程带动大治理，污水处理厂和火电脱硫设施建设超过预期、取得突破性进展，为未来发展奠定了基础；④以总量控制约束性指标为核心，兼顾目前开展的质量考核，带动了全面工作；⑤以脱硫电价为代表的各项经济政策、规划实施手段措施有所加强。

“十二五”期间，是环境保护的敏感时期，处理得当，将为 2020 年全面小康奠定坚实基础。“十一五”污染减排取得一定成绩但是十分脆弱，在不少重污染地区环境质量得到改善的同时一些保护较好的地区环境质量有所下降，“十二五”还将是重工业发展、工业化进程加速的时期，环境消费转型压力与机遇并存，各项环境基础设施大规模建设但是环境与经济综合决策等长效机制尚未完全建立，污染物新增压力较大还将处于库兹涅茨曲线上行阶段但是污染物产生量和排放量已经出现与经济脱钩的曙光，常态污染物有望得到解决同时各种新型环境问题相互交织，部分环境问题已经进入必须控制面源才能改善环境质量的阶段。

“十二五”期间，我国仍然以解决常态污染为主，同时积极启动开展其他污染物的防治工作，局部区域先行先试解决区域性污染特征因子。在全面部署的同时，重点突破常规环境问题，打好歼灭战。既不能不超前考虑、总体部署，也不能将局部或区域环境问题上升到全国性的环境问题。

以人为本，质量切入，夯实民生。在控制酸雨等中长期生态环境系统问题的同时，把呼吸新鲜空气、喝上放心水等老百姓切身相关的问题作为“十二五”的重点，着力解决颗粒物大面积超标、水质黑臭劣 V 类问题，解决环境质量评价体系与老百姓感觉不一致的问题，充分发挥社会公众保护环境。

把逐步实现环境基本公共服务均等化作为一项基本任务，缩小区域、城乡差异，实现均衡发展，让老百姓享受发展实惠。“十二五”开始到 2020 年左右，努力实现县县建设城市污水处理厂、城市垃圾处理厂，县县具备保障公众环境知情权的监测执法体系，并力争东中部等地区在“十二五”期间率先实现该目标，同时积极创造良好的运营环境，后续将逐步实现基本保障型的环境质量达标。各级政府要将提供环境基本公共服务作为主要职责，加大投入，积极推动，中央财政要对因财力不足等原因难以达到设定的基本环境公共服务标准的地方予以补助和支持。

不宜对工业污染防治现状评价过高，不能试图通过基础设施建设而达到自动解决工业污染的问题。“十二五”期间是重工业化特征比较明显的时期，也是工业化中期向工业化中后期发展的阶段。要通过行业性政策等来推动规划实施，通过工业企业的治理解决地区性的污染问题，“十二五”期间将把行业污染防治作为重点，这也是环境优化经济增长的主要领域。

“十二五”期间，总量减排成效在相当大程度上取决于发展方式模式的转变，污染减排大部分工作还是以抵消经济增长的新增量为主，是被动解决经济增长的资源环境代价。应大力推动行业污染全防全控，促进经济结构优化调整。其核心是通过建立单位产品或工业增加值的污染物产生量、排放量的评价（控制）制度，淘汰、准入、标杆三套标准同时驱动，大力强化传导作用使污染物排放总量的倒逼机制能从末端逐步延伸到中端和前端，实施主动引导战略，做实硬抓手。

“十二五”期间，力争把风险管理纳入常态环境管理领域。这是工业化时期重工业阶段特征决定的，也是我国中小企业居多的现状决定的。对未纳入总量控制甚至是质量控制的非常规因子、有毒有害污染物，应从环境影响评价、过程控制、竣工验收等环节建立制度，实施风险评价，有条件地实施 TMDL 临界峰值管理，加强汇水区工业污染源有毒有害物质管控。全面推行稳定达标排放。在抓重点污染源的同时，把中小企业有效纳入管控范围。高风险行业推行绿色保险。

把保证治污设施运营作为政策设计和监管的重点，实现建设和存量效应发挥的并重。改变污泥处理、管网建设与城镇污水处理不配套的局面，将其作为城镇污水处理设施一个有机、不可或缺的组成部分，在脱硫的同时把脱硫石膏等问题一并统筹解决，对于未解决污泥、脱硫石膏处理的扣减其减排量。污水处理费拨付绑定出水水质水量，并实现 12 项指标全部达标。

以改善质量为切入点，深化总量减排，着力形成机制体制，同时防范环境风险。理清排污大户和污染大户的差异，以对环境质量影响分担率作为设计污染物减排的出发点，在区域层次解决污染物减排和质量改善的响应问题，大幅度增加地方特征性污染物控制指标，大力推进多污染物协同减排。

应将“十一五”规划实施证明行之有效的地方政府目标考核、断面考核作为“十二五”规划实施的抓手，大幅度增加国控断面和自动站的数量，大力强化有利于考核地方政府环境实绩、客观反映区域环境质量、评估规划实施效果的能力建设，推行“河长制”、生态补偿、上下游交接断面考核，分解并明确规划环境质量目标。

1.3 三大着力点

与环境形势预测分析相对应，“十二五”环境保护规划的编制重点是抓好三大着力点，处理好总量、质量与风险三者的关系。将削减总量、改善质量、防范风险作为“十二五”规划的 3 个着力点，以提升环境质量为切入点，以削减总量为重要抓手，在实现环境形势趋好的同时，严格防范环境风险，保障环境安全。

1.3.1 通过总量控制实现宏观层面环境形势基本面持续趋好

十七大要求，到 2020 年主要污染物排放总量得到控制仍将是主要目标。总量控制的内涵决定了总量控制仍然是一个需要长期坚持的大事。应着力通过总量控制工作，大力推进治污工程建设、建立健全高效的环境治理体系，促进污染物产生量、资源能源消费量的减少，优化经济发展，进一步强化并形成总量控制的"倒逼传导机制"促进经济发展模式转变。加强治污设施包括环境基础设施的监管，提高运行效率，发挥存量资源绩效，建立配套政策环境，从重建设向重运营管理并重过渡。

"十二五"期间，总量控制工作应在总量控制目标确定及其分配、进一步加大总量与质量关联等方面实施优化调整，努力实现持续减排和污染物排放总量的有效控制。"十二五"期间各地减排潜力下降，主要污染物减排空间将逐渐减少，实施难度将明显加大，总量目标制定将更多地考虑可能性和技术经济可行性因素，省市污染物排放总量控制目标需要更多地考虑地区差异、现状治理水平、环境质量现状、经济发展水平、污染密集型行业产值比重、污染排放强度、环境容量等因素进行分配，不追求区域总量削减比例简单均衡，逐步促进区域环境基本服务均等化，改善区域环境绩效趋于均衡。

发展区域性总量控制是"十二五"总体要求。适合于全国总量控制的污染物必须满足如下条件：①区域性而非局地性的污染物；②可监测、可统计、可考核，有基础；③一次污染物，最好也不是混合型污染物；④有治理减排途径，技术上可控，经济上可承受。因此，在全国范围内实行总量控制的污染物是有限的。"十二五"期间，发展区域性（省、城市）总量控制、强化特征因子控制应是总量控制的趋势，湖南、江西、贵州等地可以将重金属、汞等作为总量控制因子，湖库地区和沿海地区可以将氮、磷等营养盐作为总量控制因子，区域灰霾天气严重的珠三角、长三角、京津冀可以将 SO_2、NO_x、VOCs、粉尘等作为区域性总量控制因子，重点突破并先行先试。河口地区可以统筹河海要求，实行地表水、海水综合的总量控制制度。

"十二五"期间，总量控制因子选择、路线设计将更多地考虑环境质量改善切入点，但总量控制目标确定和削减方案制定不应单纯从环境质量改善主观意愿出发，应按照环境质量响应、技术可达可控、经济可承受 3 个方面进行分析论证，以工程保障、立法政策、政府预算等为主要实施计划内容，编制基础条件具备、保障措施可行、全面可达的总量控制实施规划。同时，在"十二五"前期研究中，应重点研究总量控制政策的集成问题，优化调整实施方法、指标、绩效等，进一步推进污染减排的系统管理。

1.3.2 以要素为切入点大力推进区域层面环境质量改善

在"十二五"期间，实施全面质量考核条件还难以具备，推行全面单一的环境质量考核理论上可行但是实际上并不现实，将采纳总量控制+质量控制的模式。在"十三五"左右逐步并行进行总量、质量双重控制，在 2020—2030 年左右经济增长与环境负荷“脱钩”后实施质量控制考核优先。

“十二五”期间，大幅度强化与考核地方政府环境绩效、评估规划实施成效、反映区域环境质量变化的能力建设，增加质量目标的内容，把环境质量纳入考核范围，完善质量考核的前提条件。完善环境监测评价指标体系，将臭氧等纳入评价考核因子，以使环境质量监测与群众感觉基本一致。加快建立生态环境质量状况评估方法与指标，明确抓手，落实指标。

“十二五”总量控制因子、控制对象、技术路线应是尽可能与质量改善进一步紧密结合，指标的选择应尽可能与区域环境质量的定类因子、主要问题密切相关，必须理清“排放大户”与“污染大户”之间的关系，应避免“哪些行业减排潜力大、就抓哪些行业”的做法，防止“为了减排而减排”的规划思路。

“十二五”期间，不少地区仍然可能处于总量持续减排、环境质量不会明显改观的“治污相持期”。日本濑户内海等地甚至出现了总量减排、水质有所恶化的现象。在国家水污染防治规划中，拟将与国控断面对应、区域与水系关联、兼顾水资源三级区套地市的 400 多个控制单元作为总量和质量关联响应的单元，在控制单元内部促进总量—质量—项目—投资的关联，重点流域内城市要编制城市水污染防治（水环境保护）规划。国家将组织编制珠三角、长三角、京津冀等区域大气污染防治规划，推行联防联治，实现多污染综合控制、多污染源协同减排。鼓励和推行各地编制清洁水行动计划和城市清洁空气行动计划，促进区域环境质量的有效好转。

在国家规划尺度，即使是在流域等专项规划尺度，可能还只能提出部分质量目标，尤其是对省界断面的严格考核。各地应在国家规划目标指标的基础上，多增加区域性、特征性规划指标，包括总量和质量方面的，以提高规划的针对性，解决国家层次规划的不足，落实上一级规划基本要求。鼓励各地进行考虑容量总量因素的总量控制制度创新研究，以逐步将其推向适用。

与环境质量改善切入相关联，“十二五”规划编制将进一步淡化工作领域、强化要素导向，提高要素规划对具体环境工作的指导性。在“十二五”环境规划中，基本以环境要素为基础进行任务和措施规划，逐步建立水、气、土壤的环境要素规划体系，应强化土壤污染防治的内容，提升土壤污染防治工作的地位和分量。研究面源污染防治问题，搞好试点，着力解决氨氮水质超标问题。大气方面尝试编制清洁空气行动方案，将解决灰霾天气等一些老百姓关注的问题放在更加突出的位置，抓好低矮面源的污染综合治理工作，将解决颗粒物超标问题作为“十二五”大气污染防治工作的重点。统一编制重点流域规划，并尽可能将海域、河口的要求统一纳入，“十三五”或更长一段时间内逐步扩展到编制全国水污染防治规划，并实施污染源—入河排污口—断面三位一体、流域区域相结合的综合系统管理。

1.3.3 防范环境风险，保障环境安全

“十二五”乃至 2020 年将是工业化中后期，我国经济社会正处于高速发展和转轨阶段，阶段特征决定了环境风险因素的重要性。即使总量削减了、质量改善了，

环境风险的因素仍然会对生态系统、人体健康造成一定的不利影响，仍然会有一些环境安全和环境风险的因子不在总量和质量控制的范畴。组织编制《全国环境安全风险防范与应急规划》，明确环境风险和处置对策，制订综合防治方案。

从重点控制常规污染逐步扩展到控制危害环境与健康的各种环境风险，调整常规污染物监控思路，建立全过程的技术管理体系，适应风险防范要求。在环境管理中贯彻环境风险理念，将环境管理延伸到生产生活过程，实施全过程技术管理体系，推进全防全控体系建设，修改相关标准、政策，建立相关制度。环保系统从监管、治理逐步向公共服务转型，按照风险评估—风险预警—风险管理的全过程管理思想，建立环境风险防范技术政策、标准、工程建设规范。强化环境安全意识，加强制度建设，落实责任，明确措施。

应识别我国环境风险的高发区域和敏感行业，加强对重大环境风险源的动态监控与风险控制。从国家尺度来看，石化行业、合成氨、氯碱工业、磷化工、硫化工、焦化行业、染料行业、有色冶炼、热电行业（油、煤）、特种行业（金氰化钾）、矿山油田开采等是需要严密监控高环境风险行业，原材料开采加工过程中的重金属、有毒有害化学品的外排与泄漏；工业生产过程中的爆炸、火灾或自然灾害引发有毒有害化学品倾卸泄漏；运输环节中有毒有害化学品运输、油轮倾覆导致原油泄漏、管道泄漏等；消费与分解利用环节的电池回收、农药施用、电器电子垃圾拆解、城市生活垃圾与污水处理等是需要重点监控的环节，各地应结合地方实际，切实加强重点污染源的风险防范预警。

以石化等重点行业为切入点，进行清洁生产审核，建立环境风险防范技术政策、规范、标准、工程建设规范工作，推动企业落实环境风险防范工程措施，对重点风险企业强制实施清洁生产审计，建立企业环境信息通报和上市公司环境信息公布制度，落实环境污染法人负责制。加强生产工艺改造，淘汰老化设备，根治潜在隐患，防止违法排污和违规建设。

防止产业布局不合理导致的环境风险。要以环境功能区划和主体功能区划为基础，对环境风险进行综合评估，按照风险类型和区域等实施综合调控，调整产业结构和布局，体现分区管理的基本精神。应贯彻突出重点、有效防范的原则，抢救性地保护高功能区域，优先保护饮用水水源地、湖库等敏感水体，实施休养生息政策，把费效最优的源头防范工作放在第一位，努力实现区域经济社会发展和环境承载能力的相互匹配，建立适合可持续发展的环境安全格局。加强空间调控。开展区域或规划环评，出台空间布局方面的要求，引导重污染高风险行业合理布局和发展；禁止和控制发展高环境风险的第二产业，尽快出台新的淘汰落后生产工艺、设备和产品目录。

针对环境风险，应重视传统的重金属等污染问题的解决。要把有毒有害污染物的排放管理和风险管理作为重点，有条件的地区实施严格的总量控制，试点进行全废水毒性法控制废水排放，尽快编制有毒有害污染物名录，并逐步建立有毒有害污染物排放法规和标准体系，建立有毒有害污染物的监控，预警和干预体系。力争实现我国国控断面重金属达到 III 类要求。

要重视历史遗留问题的解决，可以考虑酝酿类似超级基金的重大工程项目。尽快解决大量破产、停产、转制企业存在的重大环境安全隐患和历史遗留问题。也要充分重视一些微量有毒有害物质、汞污染、POPs、苯系物、PTS、PBTS 危险废物、环境激素、危险化学品等人体健康的影响，把非常规污染物纳入风险管理的领域，并作为“十二五”期间的工作重点。

要把防范重大污染事故、提高应急能力作为环境监管能力建设的重要出发点之一，加强针对性和目的性。加强环境应急体系建设，提升应急能力。抓好与安全生产、运输行业的联动，形成机制。

1.4 重点地区和分类指导

以污染的重点区域而言，中东部地区始终是我国各类环境污染控制的重点区域。以污染的来源来看，工业和城市生活是大气环境和土壤环境最主要的污染源；水环境的状况则略有不同，随着对点源污染控制的加强和农业生产规模的日益增加，面源将逐步成为我国水环境污染控制的重点污染源。

大气污染防治的重点地区应以空气质量超标进行界定，可确定为一次污染严重的重点城市和区域性复合污染严重的重点区域。①在颗粒物污染严重的城市，尤其是 113 个环境保护重点城市，以可吸入颗粒物治理和 SO_2 治理为重点，在局地性污染严重的城市，深化产业结构调整和能源结构调整力度，基于环境影响优化工业布局。对千万人口以上城市的中心城区，加强机动车排放总量控制。重度大气污染城市实行建设项目环境影响评价阶段性区域限批，推动局地性污染综合整治。②在长三角、珠三角、京津冀以及辽中、中原、川渝等城市群，建立区域大气质量管理协调机制和机构，以区域整体空气质量改善为目标，实施区域总量控制，推动从单一城市大气污染治理向区域联合减排转变，实现重点区域复合污染的联合控制。对长三角、珠三角和京津冀等大气复合型污染突出的地区，实行煤炭消费总量约束性控制。③在长三角、珠三角、京津冀等复合型污染严重区域，充分体现区域先行原则，电力行业在采取低氮燃烧的基础上基本全部建设脱硝设施，非电工业推广使用低氮燃烧技术，并启动挥发性有机物排放控制。同时，在重点区域加强有毒有害物质、汞、CO_2 等减排。

继续强化淮河、海河、辽河、黄河中上游、松花江、三峡库区及其上游，以及太湖、巢湖、滇池的水污染防治工作，作为重点流域常抓不懈，力争到 2015 年，松花江和淮河流域水污染防治工作取得显著成效，海河和辽河污染负荷大幅度下降，水质有所好转，滇池有望水质改善，太湖和巢湖湖体富营养化趋势有所遏制。同时，在“十二五”期间，编制全国性的水污染防治规划，按照流域—控制区—控制单元体系，在控制单元内部强化污染源—入河排污口—断面水质输入响应关系。将西南、西北、东南 3 个水资源一级区作为提升水生态安全的重点地区，兼顾水污染防治工作，降低经济开发活动对水体生态系统的影响，在全国率先开展水生态指标的设计和生态安全评估。通过生态补偿等政策加强流域内重要江河源头的水质保护及水量维护，在中下游经济相对发达的地区重点提高水污染治理水平、水资源利用水平、城镇污水处理基础设施建设和管理水平，并通过严格环境准入、淘汰落后产能等措施，优化产业结构，落实“预防为主”的规划原则。

在控制单元层面，实现水污染防治工作的分类指导。根据各控制单元对应水体的水质超标情况，分为水质维护单元和水质改善单元。控制断面月均值监测数据连续 3 年以上均满足功能要求的单元划分为水质维护单元，以政策引导和加强管理为主，需确保水质不退化，“十二五”期间不要求对应区域进行总量削减，不安排具体治污工程。控制断面现状水质不能稳定达到功能要求的单元划分为水质改善单元。其中饮用水问题突出、涉及跨省界水质交接问题、对下游水质具有较大影响的单元划分为重点治理单元，“十二五”期间着重进行综合性治理与水环境保护方案设计，并将水质改善目标作为刚性考核目标。水环境问题相对较少，对下游影响程度较轻的单元划分为一般控制单元，“十二五”期间以落实普适性治理要求为主，对其断面水质只评估变化情况，不做考核要求。

根据重点治理单元的水资源量及用水现状、污染来源构成及贡献程度、水污染治理水平，相应确定治理的方向和重点。全年各水期水质均有超标现象，枯水期超标严重，且超标指标包括 COD、BOD、重金属等多项指标的，判断水环境问题主要由点源引起，“十二五”期间重点进行污染物削减；丰水期水质超标且主要超标指标为氨氮（总氮）、总磷和粪大肠菌群，判断水环境问题主要由非点源引起，“十二五”期间重点控制农村生活源、畜禽养殖、农业面源等非点源；水污染治理设施建设相对完善、水污染治理水平相对较高，行政区内用水矛盾突出，河流生态水量得不到保障的单元，重点进行全社会节水、提高污水再生利用率，优化水资源配置，保障生态用水。

1.5 规划总则

1.5.1 指导思想

以邓小平理论、“三个代表”重要思想为指导，以探索环境保护新道路为统领，结合我国全面达到小康社会的环境保护要求，深入落实科学发展观，坚持保护环境的基本国策，深入实施可持续发展战略。按照建设生态文明、推进历史性转变的要求，以总量控制为手段，优化经济发展，努力实现环境保护历史性转变；改善环境质量，解决危害人民群众健康的突出环境问题；关注新型环境问题，防范环境风险，保障环境安全。在努力实现全面小康社会和构建和谐社会的同时，实现生态环境质量的持续改善。

（1）改善环境质量。以人为本，应从公众对环境的基本需求出发，以改善环境质量为切入点，在多层面强化总量和质量关联，以要素规划研究为主线。以环境质量改善为出发点设计总量减排技术路线，优化政策制度设计，建立总量与质量相结合的规划目标指标体系。努力推进环境基本服务均等化，提升环境质量目标在政府绩效考核中的地位与作用。强化区域环境质量负责为龙头的环境保护目标责任制，规划任务要求分解落地，完善并继续推进总量考核，加强环境质量考核评估的能力建设。

（2）优化经济发展。逐步形成总量控制的倒逼传导机制，促进循环经济发展，提升发展水平，从源头减少资源能源消耗和污染物产生量。建立刚性的环境准入标准，强化行业性政策制度设计和实施，落实环境功能区划要求，优化经济发展方式。大力推行环境经济政策，逐步建立环境与经济发展的综合决策机制，建立健全全防全控体系，充分体现环境与经济的协调发展，保证经济发展的可持续性。

（3）保障环境安全。充分考虑环保监督管理能力、防范重大污染事故和灾难以及社会经济持续发展的资源基础和环境承载力。进一步提升环境容量、生态承载力等因素的先行性和基础性作用，调整产业布局。将环境风险防范理念纳入环境管理范畴。优先解决历史遗留问题，确定环境保护对策和措施。

1.5.2 基本原则

（1）统筹兼顾，协调发展。协调环境保护与经济发展和社会进步之间的关系，统筹城乡发展，实现以环境优化经济增长。

（2）整体推进，重点突破。加大环境污染控制，努力实现环境质量改善，重点解决人民群众反映强烈的突出环境问题，保障环境安全。

（3）分类指导，分步实施。因地制宜，体现区域经济发展和环境污染特征差异，强化指导性。依据经济发展阶段特征和环境保护重点，分阶段实施，强化导向性。

1.5.3 规划编制原则

（1）兼顾规划的延续性。规划前期研究工作要与“十一五”规划评估工作相互衔接；要统筹考虑“十二五”期间和 2020 年环境保护目标和任务，并纳入规划前期研究中。加强规划对环保工作、标准、政策等的先导性。

（2）推行公众参与。前期研究工作需要国家、省（直辖市、自治区）两级环保部门同时开展，组织系统内外的机构协同攻关；面向全社会进行重点问题研究公开招标，开展环境热点难点问卷调查，广泛听取社会方方面面的建议，将尽可能多的专家纳入规划前期研究和规划编制队伍中来，务求形成良好的规划氛围。

（3）加强横向沟通。做好与经济社会发展规划的衔接，建立环境保护优化经济发展的内生机制，建立资源能源经济环境预警分析系统。着力抓好规划编制和规划实施过程中部门系统之间的衔接协调，通过规划编制和实施逐步形成各部门积极参与、相互配合环境保护工作的新机制。逐步建立规划编制、实施、评估与修订的长效机制。规划目标与社会经济发展挂钩，强化目标可达性论证。

（4）加强上下衔接。“十二五”规划将进一步发挥地方优势，实现国家和地方的联动，加强交流沟通，同时也把规划的若干重点领域先行在地方试点，摸索经验、取得数据，有机吸收和借鉴地方环境规划管理实践和试点经验。各地也要主动探索，在分解落实国家原则要求的“规定动作”的基础上，先行实践，进行“自选动作”，在前期研究中重点研究各地的目标指标体系，尤其是涉及的地方性特征污染因子指标问题，分析容量—总量—质量关系，先行提出“十二五”规划的基本思路，编制紧密结合地方实际、针对性强的、富有浓郁地方特色的环境保护规划，形成相互衔接而又相对独立“十二五”规划体系。

（5）研究先行，充分论证。①要把目标指标体系的分析论证、深入比选作为前期研究的牵头内容，科学提炼和认识规划目标指标的概念，合理区分规划指标、工作指标、任务指标的差异，应加强规划目标指标的论证，强化可达性分析，避免环境保护规划目标设定不合理对工作带来的被动。②应把技术路线体系作为研究论证的主要内容，并上接目标指标体系，下联投入政策体系。要分清哪些可控、哪些不可控，有保有压，理清工作重点、策略，识别分阶段、分区域重点，把握区域政策和行业政策，将规划落地。不能因为领导重视或者群众呼声大而忽略对技术路线体系的论证，不能因为良好的政治意愿而不考虑技术经济最优。③应把投入政策体系作为规划目标指标体系和技术路线体系的前置条件，重点研究规划目标与项目、政策、措施的匹配性。规划目标、任务、手段、措施应适度匹配，逐步建立约束性环境目标指标有约束性的投入政策保障的规划实施机制。从规划目标、投入政策出发提出政策需求清单，根据经济形势和环境形势分析判断梳理政策清单，分析政策之间的匹配关系，强化政策的集成效应分析，避免不同政策实施效果的拮抗。

1.5.4 规划体系

“十二五”环境规划体系的建立，应围绕“十一五”期间尚未完全解决的较为突出的环境问题和新出现的环境问题，以改善人民群众生活环境质量为基本出发点，以综合分析为先导，以要素规划为主线开展规划编制，实现环境总体规划与要素规划、国家环境规划与区域或地方环境规划、中长期规划与短期实施计划的“三统一”；以规划编制和实施工作进一步落实并拓展环境保护系统职能。建议应着力编制 19 项规划：国家环境保护“十二五”规划、主要污染物排放总量控制实施规划、水污染防治规划（含近岸海域、重点流域、饮用水水源地、地下水）、大气污染防治规划（含重点污染物、重点行业、重点区域、重点城市、机动车）、全国土壤污染防治规划、国家环境监管及应急能力建设规划、核安全与辐射污染防治规划、全国生态保护规划、国际环境履约规划、危险废物污染防治规划、农村环境综合整治规划、化学品环境风险防控规划、全国主要行业持久性有机污染物污染防治规划、环境监测事业发展规划、环境经济体制改革规划、环境保护人才队伍建设规划、国家环境保护标准规划、国家环境与健康工作发展规划、国家环境保护科技发展规划。

同时，在国家环境保护规划体系中应充分考虑纵向和横向的衔接问题，应将与其他领域规划的衔接和对省级规划的审查作为重要内容，实现国家环境保护规划体系与经济社会发展规划的相互协调及环保规划下延一级。

1.6 规划目标

从发展阶段性确定中长期环境保护目标，并基于 2020 年全面实现小康社会建设目标时的环保要求，确定 2020 年环境保护目标，将“十二五”环保规划目标具体化。

1.6.1 中长期环境宏观战略目标

基于发展阶段特征，我国环境保护阶段中长期目标为：环境保护工作应着眼于我国环境质量的全面改善和生态系统的完整与稳定，促进环境保护和经济社会的高度融合，努力提高国家的可持续发展能力，使人民群众喝上干净的水、呼吸清洁的空气、吃上安全的食物，保障人民群众在良好的环境中生产生活，确保人体健康，全面实现与现代化社会主义强国相适应的环境质量目标。

1.6.1.1 2020 年：主要污染物排放得到有效控制，生态环境质量明显改善

主要污染物排放得到有效控制，核和辐射安全得到有效监管，生态环境质量明显改善，基本解决城镇污染和工业污染，饮用水水源不安全因素基本消除，环境状况与全面实现小康社会相适应：80%的城市环境空气质量达到二级以上，七大水系国控断面好于Ⅲ类的比例大于 60%，危害人体健康的突出环境问题（如重金属、细颗粒物、持久性有机物等）得到初步遏制，生态恶化趋势得到基本控制，生态服务功能得到提升，生态文明观念在全社会牢固树立。

1.6.1.2 2030 年：污染物排放总量得到全面控制，生态环境质量显著改善

污染物排放总量得到全面控制，全国水体基本消灭黑臭现象，农村污染、非点源、新型环境问题得到基本解决，饮用水水源、城市空气质量基本达到要求，生态系统结构趋于稳定，农村环境质量实现根本好转，核与辐射安全水平总体达到国际水平，人体健康得到有效保障，文明健康、资源节约、环境友好的生产生活方式在全国得到普及，环境与经济社会基本协调。

1.6.1.3 2050 年：环境质量与人民群众日益提高的物质生活水平相适应，与现代化社会主义强国相适应，生态环境质量全面改善

生态环境质量全面改善，生态系统健康安全、结构稳定，人体健康得到充分保障，环境优先战略得到普遍实施，全面实现与科学发展观要求和可持续发展水平相适应的环境质量，人口、资源、环境、发展全面协调，生态文明蔚然成风，经济环境实现良性循环。

1.6.2 2020 年全面小康社会目标环境要求

党的十七大报告中明确提出了 2020 年实现全面建成小康社会的奋斗目标，对“十二五”期间环境保护提出了新要求，应从 2020 年全面实现小康社会建设目标环保要求出发，确定 2020 年环境保护目标，并将“十二五”环保规划目标作为实现 2020 年全面小康环保要求的阶段要求。

（1）总体要求。2002 年，党的十六大报告提出，在 21 世纪的头 20 年，要集中力量，全面建设惠及十几亿人的更高水平的小康社会。包括五大方面：①增强发展协调性，努力实现经济又好又快发展。转变发展方式取得重大进展，在优化结构、提高效益、降低消耗、保护环境的基础上，实现人均国内生产总值到 2020 年比 2000 年翻两番。②扩大社会主义民主，更好保障人民权益和社会公平正义。③加强文化建设，明显提高全民族文明素质。④加快发展社会事业，全面改善人民生活。⑤建设生态文明，基本形成节约能源资源和保护生态环境的产业结构、增长方式、消费模式；循环经济形成较大规模，可再生能源比重显著上升；主要污染物排放得到有效控制，生态环境质量明显改善；生态文明观念在全社会牢固树立。可持续发展能力不断增强，生态环境得到改善，资源利用效率显著提高，促进人与自然的和谐，推动整个社会走上生产发展、生活富裕、生态良好的文明发展道路。

（2）内涵分析。从生态文明发展的角度，全面建设小康社会的内涵包括：在社会意识中，生态文明观念牢固树立；在经济发展中，将降低消耗、保护环境作为经济又好又快发展的前提；将节约资源能源、保护生态环境作为一切社会经济活动（生产、消费）的基本要求；经济增长质量中，强调大幅度提高循环经济和清洁能源的比重；污染控制中，强调主要污染物排放得到有效控制；最终落脚点，强调生态环境质量明显改善。

全面建设小康社会对环境的要求体现在 4 个方面：①在观念、意识方面，要求牢固树立生态文明观念，提高社会生态环境意识，提高公众参与生态环境保护管理相关事务的范围和深度，建立生态型社会；②在社会经济活动中，要求节约资源、降低消耗，发展环境友好型产业，大幅度提高环境资源利用效率，建立节约型社会；③在生态环境保护中，加强环境休养生息，改善生态服务功能，提高环境支撑能力，建立保障型社会；④在污染控制领域中，要求控制主要污染物排放，改善生态环境质量，强化环境风险控制，建立安全型社会。

（3）全面建设小康社会对“十二五”环境的要求分析。“十二五”期间，与环境直接相关的经济目标可能提前实现，环境保护与经济发展同步的战略更加具有挑战性。同时，生态文明建设将进入攻坚阶段，“环境”依旧是五大系统（经济、政治、文化、社会、生态文明）中的“短板”，全面建设小康社会对“十二五”的环境要求为：①要求环境能支撑社会经济又好又快地发展；②要求为人民群众提供安全健康的环境质量保障；③要求生态恶化趋势得到减缓，重点区域生态有所恢复；

④要求主要污染物排放总量得到有效控制；⑤要求农村环境纳入环境监管与保护体系。

上述环境要求可以具体浓缩于 2020 年如下几个方面：

发展协调性有所提高 生态文明得到长足发展，生态环境意识深入人心，初步建立起适应需要管理体制机制。清洁生产水平大幅度提高，工业污染得到全过程控制。实施“结构调整、技术进步、源头预防、过程控制、末端治理、回收利用、机制高效、依法治污”的工业污染防治方略，坚持治理与预防并重，实现国民经济的又好又快发展、跨越式发展。

主要污染物排放得到有效控制 主要大气、水环境污染物排放总量得到有效控制。重点行业污染物排放强度明显下降。总体环境压力得到一定程度的缓减。

环境治理水平得到显著提高 城市生活垃圾人均产生量降低到 2010 年的 90%；无害化处置率达到 85%以上；资源回收利用率达到 35%；工业固体废物资源循环利用率达到 80%。农村环境质量恶化趋势得到初步遏制，环境问题突出、严重危害群众健康的村镇基本得到治理，村镇生活污水和生活垃圾收集处理体系逐步建立健全。农村卫生厕所普及率和种植业测土配方施肥与病虫害综合防治率达到 80%。自然保护区、重要生态功能区的建设初见成效。

环境安全保障水平有效提高 与资源环境相协调的社会经济发展空间格局基本形成，国家重要生态功能区得到初步保护与修复、河流湖泊得到休养生息，环境空间管理有序。保障国家生态安全的生态系统格局基本形成，生态系统服务功能得到提升。国家环境监管能力显著提升。城乡环境保护“二元结构”问题和区域环境差异得到一定程度的缓解。

环境质量明显改善 实现重点流域水环境质量改善和重点城市饮用水安全，地表水Ⅴ类水质标准以上的比例大于 85%；实现重点城市集中式饮用水水源地水质基本稳定达标。七大水系干流国控断面水质基本消除劣Ⅴ类。地下水环境质量趋于改善；实现地级以上城市饮用水水源地水质稳定达标。80%以上城市达到国家二级空气质量标准。生态退化趋势得到遏制，部分区域生态质量明显改善。部分地区农村环境质量获得改善。农村人口基本实现饮水安全。

核与辐射环境安全总体达到国际先进水平 通过建立完善核与辐射安全法规体系和监管体系，利用先进的科学技术，使核燃料循环设施的“三废”处理设施得到配套和完善；形成完整的科研管理机制，建立一批核安全与辐射安全研究国家重点实验室；完成全国辐射环境监测网络建设，形成完整的核事故预警、应急响应和事故评价系统，建立健全应急监测能力；核与辐射安全总体达到国际先进水平，放射性废物管理进入良性循环。

1.6.3 “十二五”环境保护目标指标

规划指标的选取应充分反映政府的事权，保持指标的基本稳定，以环保重点工作为主，影响全局的跨界和区域性环境问题将是国家“十二五”环境保护规划的重要内容。同时，要积极引入更多的质量性目标，各地和区域可以积极探索质量主导的规划目标指标体系，应特别注意避免重蹈环境质量目标过高的覆辙。确定规划目标和指标的基准年均应参考 2007 年（全国污染源普查的基准年）。规划目标年为 2015 年和 2020 年，并应重点研究 2020 年的环保目标。

（1）总体目标。与经济社会发展阶段相适应，将“十二五”环境保护目标重点可以表述为“三个基本”，即在全面部署的同时，重点突破的还是城镇污染和工业污染，提高饮用水水源等直接影响人体健康的突出环境问题安全保障水平，到 2015 年，力争实现：主要污染物排放得到基本控制，常规（传统）因子环境质量得到基本改善，环境安全得到基本保障，为全面建设小康社会奠定良好的环境基础。

具体目标包括：继续推进主要污染物减排，COD、SO_2 在目前统计口径基础上比 2010 年削减 5%，电力行业氮氧化物削减 5%，氨氮削减 5%；环境空气质量好于Ⅱ级标准的天数超过 292 天且环境空气质量在二级以上的重点城市比例达到 80%；全国国控断面劣Ⅴ类水体比例控制在 15%以内，七大水系国控断面好于Ⅲ类的比例达到 60%以上（干流国控断面基本消灭劣Ⅴ类水体）；历史遗留环境问题得到基本解决，环境公共基本服务均等化水平有所提高（县县建设污水处理厂、垃圾处理厂等环境基础设施，县县具备保障公众环境知情权的监测执法体系），环境风险纳入常规环境管理。

表 1-1　规划目标指标结构表

领域	规划目标	规划指标	二级指标	关联指标
总量	主要污染物得到基本控制	COD	城镇污水处理率/%	排污强度
		氨氮（区域性）	污水处理厂负荷率/% 新增污水处理能力/万 t	面源治污工程
		氮、磷（区域性）	配套管网建设长度/km	
		SO_2	电厂 SO_2 排放总量 非电 SO_2 总量排放总量	
		NO_x（行业并落实到区域）	电厂 NO_x 总量 机动车 NO_x 总量 工业 NO_x 总量	脱硝工程
		VOCs、颗粒物、重金属（区域）		
		工业行业污染物产生强度	工业固废产生量 工业 COD、氨氮增量 工业 SO_2、NO_x 增量	
		单位 GDP 能耗物耗（单位工业增加值用水量）	工业用水重复利用率 中水回用率	

领域	规划目标	规划指标	二级指标	关联指标
质量	常规因子环境质量得到基本改善	七大水系国控断面好于Ⅲ类的比例/%	分流域、分省要求	各城市水质目标
		地表水国控断面劣Ⅴ类水质的比例/%	干流消灭劣Ⅴ类	
		重点城市空气质量好于Ⅱ级标准的天数超过 292 天的比例且环境空气质量在二级以上的城市比例/%	生活在二级以上空气质量城市的人口比例	
		饮用水水源水质达标率/%	饮用水水源保护区个数 饮用水水源地环境监测能力 地下水饮用水水源地水质	
		近岸海域水质		
		农业用地土壤环境达国家二级标准比例/%	无公害、绿色、有机食品基地面积比例	土壤修复示范工程 工业固废危险废物排放量
		综合整治村庄		
		森林覆盖率/%		
		国家级自然保护区规范化建设比例/%	自然保护区占国土面积比例/% 自然保护区结构优化	
风险	环境安全得到基本保障	历史遗留问题	污染土壤修复面积 重金属污染控制	
		监管能力	监测能力 监察能力 人员机构	
		环境公共服务基本水平	环境管理机构、监测能力、信息公开（知情权）	危废医废处置设施负荷率； 污水、垃圾处理设施覆盖面
		工业污染排放稳定达标率/%	重点源监测能力	工业固体废物综合利用率/%

（2）工业污染防治目标。建立主要产污强度和排污强度评价及其配套制度，与 2007 年相比，单位工业增加值的 SO_2、COD、氨氮的产生量分别均下降 50%，单位工业增加值固体废物产生量下降 40%。全面推行清洁生产，循环经济比重明显提升，工业用水重复利用率、工业固体废物综合利用率分别达到 85%和 70%，源头控制、全过程控制的格局开始逐步形成。环境资源利用效率和工业污染排放稳定达标率显

著提高，全国 85%（2010 年目标为 65%）的重点污染源实现实时监控，全国工业企业污染物排放稳定达标率达到 90%以上。构建全防全控的工业污染防治体系，国民经济产业结构以及工业结构的调整和升级取得明显进展，促进经济增长模式的转变。

（3）水环境保护目标。到 2015 年，水污染物排放总量持续削减，水污染治理水平及水环境管理水平进一步提高，饮用水水源地水质稳定达到功能要求，全国地表水环境质量有效好转，地下水污染恶化趋势得到有效控制，近岸海域水质基本稳定。

新增 3 000 万 t 城市污水处理能力，建设主干管网 16 万 km，全国污水处理能力达到 1.5 亿 t/d，全国城镇污水处理率达到 80%以上，污水处理厂负荷率在 80%以上。造纸、化工、纺织印染、食品酿造等水污染严重行业提高排放标准，推进结构调整，实现全面稳定达标。

COD 点源排放量控制在 1 200 万 t 以内，争取比 2010 年削减 5%。全国氨氮排放量控制在 120 万 t 以内，比 2010 年削减 5%（预计 2010 年基数约 130 万 t）。启动湖库磷的总量减排。试点实施面源减排抵扣政策。根据流域水污染状况，将重金属指标等有毒有害物质纳入区域总量控制。

地表水饮用水水源地水质达标率大于 90%（现状约 80%），地下水饮用水水源地水质达标率大于 90%（现状约 85%）。地表水国控断面劣 V 类水质的比例小于 15%（“十一五”目标为 22%），七大水系国控断面好于III类的比例大于 60%（2010 年目标为 43%），重金属污染指标全面达到 III 类。近岸海域水质总体保持稳定，渤海、东海水质有所改善。

（4）大气环境保护目标。以改善大气环境质量和保护公众身体健康为目标，以主要污染物总量控制为手段，以区域大气污染防治和重点行业污染控制为重点，通过建立全面客观反映环境空气质量的标准体系，推进多污染物综合控制，实现大气环境质量的持续改善。继续削减 SO_2 排放总量，全面加强 NO_x 污染防治，深化尘污染减排，形成以质量改善为核心的多污染物综合防治体系。

除低硫煤地区外现役火电机组全部脱硫削减 140 万 t SO_2，3 000kW 机组关停淘汰（小于 20 万 kW 机组的非供热机组）减排 120 万 t SO_2，新建机组全部脱硫。淘汰落后炼铁产能 7 200 万 t、炼钢产能 2 500 万 t，减排 SO_2 20 万 t。一半左右 100 套烧结氧气脱硫装置建设运行减排 35 万 t。淘汰水泥、有色冶炼等减排 40 万 t；对 10%的非电燃煤锅炉改造减排 SO_2 35 万 t。合计 SO_2 总减排量 390 万 t（火电行业减排 260 万 t），其中工程减排 210 万 t、结构减排 180 万 t。若“十二五”期间 GDP 增速 9%、单位 GDP 能耗下降 20%、煤炭消费总量控制在 37.5 亿 t（煤炭占一次能源消费量比例 66%）、燃煤机组装机容量不超过 9 亿 kW、非电力行业新增产能 SO_2 排放强度降低 20%，在上述任务和要求、措施到位落实的情况下，至 2015 年，全国 SO_2 排放总量比 2010 年减少 5%，控制在 2 180 万 t 以内，火电行业 SO_2 排放总量控制在 850 万～900 万 t。

对现役燃煤锅炉实施低氮燃烧技术改造，按照 7 000 万 kW 机组估计可减排 NO_x

60 万 t；加速淘汰高能耗小火电机组，淘汰 3 000 万 kW 小火电机组，可减排 NO_x70 万 t；新建机组将全部采用 SCR/SNCR 脱硝技术；长三角、珠三角和京津冀地区 40%火电机组（约 6 000kW）安装烟气脱硝设施，可减排 NO_x 约 60 万 t；到 2015 年，电力行业 NO_x 排放总量将比 2010 年减少 50 万 t 左右，再辅以机动车等措施，NO_x 排放总量有所降低。

到 2015 年，城市和区域空气质量得到明显改善。环境空气质量好于Ⅱ级标准的天数超过 292 天且环境空气质量在二级以上的重点城市比例达到 80%（目前 113 个环境保护重点城市空气质量未达到空气质量二级标准的城市比例仍占 51.5%），城市人口生活在二级及以上国家环境空气质量标准的人口比例达到 80%以上（目前全国城市人口生活在劣Ⅱ类的比例为 36.1%，100 万以上城市超标人口达 45.1%）；酸沉降强度显著降低，重度酸沉降区面积不断减少。

（5）土壤污染防治目标。开展典型区域、典型类型污染土壤修复，建立 10～20 处污染土壤修复示范，建立了技术体系。单位面积农田化肥、农药施用强度比 2010 年降低 20%左右，地膜等农资残留量降低 20%左右，无公害、绿色和有机食品基地面积占耕地面积的 30%以上（目前为 20%）。初步建立起保障主要粮食生产基地和菜篮子基地土壤环境安全的环境监管体系，建立主要粮食生产基地和菜篮子基地土壤环境监测网络，初步构建土壤污染防治的政策法律法规和标准。

（6）固体废物污染防治目标。完善固体废物全过程管理制度，进一步提高固体废弃物收集处理、资源化利用、无害化处置水平。规划危险废物和医疗废物集中处置设施负荷率达 90%；危险废物贮存量比 2010 年减少 70%，年产生总量比 2010 年减少 10%；单位工业增加值固体废物产生量降低 40%，综合利用率达到 70%。生活垃圾处理能力达到 35 万 t/d，无害化处理率不低于 80%。固体废物利用、处理、处置设施环境风险和环境影响明显降低。

（7）生态环境保护目标。全国生态压力增长趋势总体得到缓减，保障国家生态安全的生态系统格局基本形成，生态系统服务功能得到恢复，重点生态功能区、自然保护区等的生态功能基本稳定，部分区域生态环境质量明显改善。24 个重要生态功能区保护建设全面启动，森林覆盖率提高到 21%以上，国家级自然保护区规范化建设比例达到 50%以上，65%的天然湿地得到保护，草原退化趋势有所控制，水土流失治理和生态修复面积有所增加，矿山环境明显改善。初步建立起适应我国生态保护需要的协调管理体制和机制，初步建立起结合环境卫星的生态监测网络体系。全国一半以上的省、市、县启动生态省、生态市、生态县的建设任务。

（8）农村环境保护目标。农村环境污染加剧的趋势得到初步遏制，环境问题突出的村镇基本得到治理，村镇环境质量有所改善，全国 3%的村庄得到综合整治（占全国总数的 3%），逐步消除农村生活垃圾自行倾倒现象，全面启动农村清洁家园、清洁田园、清洁水源建设。

（9）环境监管能力建设目标。优化环境监测点位，完善国家环境质量监测网络，建成较为完备的环境监测业务、监测技术、质量管理技术和保障体系，具备“说得清、测得准”的能力，基本形成环境监测预警体系，环境突发事件应对能力显著提高。系统提升环境执法水平，完善重点污染源自动监控系统。环境管理基础设施和条件得到持续改善。初步建立起符合现代化要求的管理体制和运行机制。环境监管软能力得到较大提升，环境监管实际水平得到较大加强，形成与新时期环境保护任务需求相匹配的环境监管能力体系。

省级与地市级环境监测站全面达标率不低于 70%，地市级环境监测站全面达标率不低于 60%，县级环境监测站基本达标；做到省级测得全，市级测得准，县级测得出。省级与地市级环保执法队伍全面达标率不低于 80%，县级环保执法队伍建设基本达标。

表 1-2　规划目标指标

	序号	指标	2005 年	2008 年	2010 年（预期）	2015 年	2020 年	属性
总量控制指标	1	SO_2/万 t	2 549	2 321.2（−8.95%）	2 295	2 180（−5%） 火电（−5%～10%）	2 070（−5%）	约束性
	2	NO_x/万 t	—	—	—	现有口径−5% 电力行业氮氧化物排放总量比 2010 年显著减少	—	约束性
	3	氨氮/万 t	—	127（−4%）	130	120（−5%）	—	约束性
	4	COD/万 t	1 414	1 320.7（−6.61%）	1 250（1 270）	1 200（−5%）	—	约束性
质量指标	5	七大水系国控断面好于III类的比例/%	41	55	43	＞60	—	约束性
	6	地表水国控断面劣V类水质的比例/%	26.1	—	22	＜15，七大水系干流消灭劣V类断面	—	约束性
	7	环保重点城市空气质量好于II级标准超过292 天且环境空气质量在二级以上的重点城市达到 90%	69.4%（二级天数 292 天的城市比例）	重点城市 57.5%达到二级	75%	90%以上	90%以上	约束性
	8	饮用水水源水质达标率/%	70.9	80 85（地下）	80 85	90 90	95	—
	9	环境空气质量年日均值达到二级的人口数	—	生活在劣II类的比例为 36.1%，100 万以上城市超标人口达 45.1%	—	80%以上	85%以上	—

	序号	指标	2005年	2008年	2010年（预期）	2015年	2020年	属性
质量指标	10	近岸海域水质	—	一、二类海水比例增加到 70.4%；三类海水占11.3%；四类和劣四类海水下降到18.3%	—	近岸海域水质总体保持稳定，渤海、东海水质有所改善	东海水质明显改善	—
	11	农业用地土壤环境达国家二级标准的比例/%	—	—	—	80	—	—
污染防治	12	污水处理率/%	52	66	70	80（1.5亿t）	—	—
	13	污水处理厂负荷率/%	—	—	70	80	—	—
	14	危险废物和医疗废物处置设施负荷率/%	—	—	—	90	—	—
	15	工业固体废物综合利用率/%	56.1	—	＞60	70	＞75	—
	16	城市无害化处理设施运行率/%	—	—	100	—	—	—
	17	综合整治村庄	—	1 200个	1万个	2万个，占3%	—	—
	18	工业污染排放稳定达标率/%	—	—	80	90	—	—
生态状况与保护	19	森林覆盖率/%	—	18.2	20	＞21	—	—
	20	国家级自然保护区规范化建设比例/%	—	—	20	50	—	—
	21	重要生态功能区建设个数	—	3	—	22	50	—
	22	耕地面积/亿亩	—	—	18	18	18	—
	23	受保护天然湿地比例/%	—	49	50	65	90	—
资源环境效率	24	单位产品污染物产生强度	—	100	—	降低40%~50%	—	—
	25	单位工业增加值用水量	—	—	−30%	−30%	−50%	—
环境监管	26	省、市监测站达标率/%	—	—	—	60～70	80~90	—
	27	省市环保监察机构达标率/%	—	—	—	不低于80%	—	—

注：$1hm^2$=15亩。

1.7 重点任务

“十二五”国家环境保护规划将在继续完善、优化总量控制制度的同时，强化环境质量约束性要求，逐步理清环境保护事权，以跨界和区域性环境问题为重点，积极贯彻循环经济理念，实施全防全控的新型污染防控体系，以环境功能区划为导向，以规划任务落地为基础，进一步强化规划的分类指导和分区控制，以基础工程、保障工程、人才工程作为环保基础能力建设的重点，提高规划的针对性、可操作性和执行力，推进历史性转变，为2020年全面实现小康社会提供环境基础保障。

1.7.1 工业污染全防全控

我国工业化过程带来的环境压力将远远大于发达国家工业化过程曾经有过的环境压力，这种压力也是人类历史发展进程中所未曾有的，在这种压力下，我国工业化的产业结构和生产方式必须进行重大变革，否则经济、环境和社会发展将难以为继。

严格监管和激励政策相结合，推行稳定达标排放，把工业企业污染防治水平推向新台阶。设立行为罚则，探索按日处罚。将环境管理从排污口向环保设备、环保设施延伸，建立工业行业污染治理设施建设标准、设计规范和技术管理体系，改变无标准遵循、无部门管理、无可能稳定运营达标排放的硬件基础等现象。以“双超双有”企业为重点，将强制性清洁生产审核作为环保验收的一个重要环节。开展排污大户定期审计和信息公开。

逐步优化调整产业结构，建立推出企业的补偿机制。清理行业排放标准，解决行业排放标准与综合排放标准偏松导致的行业超标排放特权。加强制定地方污染物排放限值工作，落实总量控制要求，采取综合措施控制产业污染的无序发展。逐步改变排放标准与功能区划挂钩的情况。严格禁止落后产能异地转移。调整进出口结构。强化行业政策的执行和应用。推行绿色制造，发展绿色经济。建立经济发展、资源能源节约、污染物排放之间的联动诊断机制。

治理与预防并重，大幅度减少工业污染物的产生和排放。实施单位产品或单位工业增加值污染物产生量评价、万元工业增加值资源能源消耗评价，建立制度，促进资源节约和循环利用。产污系数和排污系数并重，分行业制定淘汰、准入两类约束性要求，以及行业“标杆”标准预期性要求并引导五年后的准入要求。新建项目的产污强度要达到行业先进水平，上市融资企业的产污强度要达到行业平均水平。着力通过价格、税费等综合手段形成传导机制强化倒逼作用，把总量控制推向深入，促进技术进步和结构优化。建立资金渠道，补助企业清洁生产示范工艺方案的编制和实施。

实施全防全控，把常态污染之外的风险防范作为工业污染防治的下阶段要求，并纳入环境影响评价、环境质量标准、环境准入要求。建立环境责任追究和风险行业押金制度，明确监管责任的期限。对重点行业特征污染物进行从原料、生产、加工、消费、循环的全过程控制和管理。制定酿造、食品、石化、钢铁等重污染行业主要污染物和有毒污染物减排规划。

1.7.2 水环境保护

水污染防治要坚持以人为本的原则，首先防治城市和农村集中式水源地的环境污染，保障群众的饮用水安全。应在全国水环境功能区划的基础上，以国控断面为重点，确定每个流域各类跨界水质控制断面并明确考核目标，严格控制污染物排放总量，在继续加强点源污染治理的同时，着力加大面源污染治理的力度，按照自然规律，合理调配水资源，维持河流正常的生态用水，保证水生态系统健康，综合改善水环境质量。

创新水环境管理思路，完善水污染防治规划体系，流域设计、区域落实，突出让河流修养生息的理念，明确省、市流域出境控制断面及其要求，根据控制单元确定入河口的管理要求，实施污染源—排污口—断面的单元系统管理，加强综合管理，逐步实施以断面水量保障基础上的水质约束机制。

继续推进重点流域水污染防治工作，力争松花江、淮河、滇池等两三个流域在“十二五”期间明显见成效，并以重点流域为中心，兼顾海域，编制全国水污染防治规划。河湖统筹，陆海兼顾，明确重要河口的水质要求，加大整治力度。推进建立流域规划工程的年度考核、中期评估、动态调整。加强对过量营养盐和有毒有害物质等的控制。

流域统筹，实现流域水污染防治工作与饮用水环境保护工作的结合。加大水源地水质全分析工作力度，大力推进城镇水源地达标，重点解决水源地受高藻、高氨氮、高有机污染和石油类、重金属、痕量内分泌干扰物等特征污染物威胁问题，逐步解决开放性水源地给水排水交错的格局性问题，建立饮用水水源地水质和饮水水质公告制度。对准保护区和影响区范围内的工业企业，实施强化的风险评价为主的监控，将一类污染物产生、排放严格管理、优先控制，取代目前以常规污染物为主的准入和达标体系。

继续强化总量控制，降低污染负荷。通过加强城镇污水管网及处理设施建设、污水处理厂提标改造、污水再生利用、产业结构调整、提高工业企业排放标准、强化监管提高稳定达标排放水平等措施，将 COD 排放总量在 2010 年的基础上再削减 5%，氨氮削减 5%。

采取有效措施，实施污水处理厂从建设到运营的转变，着力发挥存量资源效益。“十二五”期间，全面启动县县建设城市污水处理厂工作，争取新增 3 000 万 t 处理能力，污水处理率和负荷率提高到 80%，日处理能力达到 1.5 亿 t。把管网、污泥、再生水利用作为污水处理设施的系统内容，配套管网 16 万 km，把污水处理设施配套管网和污泥处理建设作为“十二五”工作重点，未达到相关要求的抵扣其削减量。按照 COD 减排绩效，对污水处理设施采取大工业用电电价、减免房产税和土地使用税等优惠措施。大力提高污水处理厂氮、磷去除效率，发挥协同作用。重点流域污水处理厂要实现《城镇污水处理厂污染物排放标准》中规定的基本控制项目 12 项指标全达标。改革污水处理厂收费机制，绑定出水水质水量作为计费依据，把污泥处理等纳入污水处理费统筹收取。因地制宜，推进城镇和农村污水处理工作。以污泥消化+填埋为主体工艺，推进污泥处理。

积极推动面源污染防治，以使氨氮水质超标现象得到遏制。建立示范工程，以污染物普查数据库为基础，实施面源削减与点源削减的抵扣政策，对经核证后的面源治理工程纳入国家环境统计库动态跟踪管理。推进农村分散式污水处理。鼓励开展城镇径流面源污染控制试点。保护地下水水质。

充分利用现有各项措施，逐步完善氨氮的管控制度。以石化、化工、造纸、食品加工、纺织为主，对工业企业提高氨氮的排放标准，完成合成氨等行业标准修订工作；督促排污企业进行深度治理，实现稳定的达标排放；根据流域水质的情况，以老污水处理厂为重点，以增设生物填料为主，在城市污水处理厂中增加脱氮除磷的功能，增强运行控制手段，解决 N-BOD 脱除给 C-BOD 脱除带来的能源增加、碳源不足等问题；对集中式规模化的畜禽养殖场要进行污染治理；推广测土施肥的方法，减少农业生产中化肥施用量。“三湖”和淮河流域水污染防治规划已将氮、磷指标作为水质考核目标，淮河流域、滇池分别将氨氮和总磷作为总量控制目标。

继续强化以区域为主、流域为辅的水污染防治规划实施体系，强化考核，大幅度增加国控断面、自动监测站数量，调整事权。优化区域流域断面布设，优化评价因子，解决环境监测数据与群众感觉差异问题。逐步实施按照水环境功能的达标评价。对劣Ⅴ类水体进一步提出分级评价标准。

1.7.3 大气环境保护

“十一五”期间，我国煤烟型大气污染加重的趋势得到了初步遏制，但常规污染尚未得到有效解决，一次污染物浓度依然维持在较高水平，吸入颗粒物是城市空气污染的首要污染物，仍有 14.8%的地级及以上城市 SO_2 年均浓度未达到国家二级标准，酸雨仍然为硫酸盐型，但降水中硝酸根与硫酸根离子当量浓度比值已由 2005 年的 0.21L 高到 2008 年的 0.26L，长三角、珠三角、京津冀等城市群区域出现了煤烟型与氧化型污染共存的复合型大气污染。同时，应注意，现行的空气质量评价体系难以客观反映环境污染水平。

“十二五”期间，应理顺“排放大户”与“污染大户”的关系，以改善大气环境质量和保护公众身体健康为切入点，以主要污染物总量控制为手段，以改善城市环境质量为中心（以细颗粒物为突破口），以区域大气污染防治和重点行业污染控制为重点，推进多污染物综合控制。建立全面客观反映环境空气质量的标准体系，制定 8 小时臭氧环境质量标准并纳入空气质量评价体系，着手研究制定 $PM_{2.5}$ 环境质量标准，加强能力建设并进行试点监测评价。建立我国区域大气污染防治联防联控机制，编制重点区域大气污染防治综合规划，建立区域统一监测网络体系，并实时公布监测数据。

我国“十二五”大气污染物控制的重点为 SO_2、NO_x 和粉尘，同时兼顾 VOCs、汞、有毒有害物质和 CO_2 的协同减排。防治的重点地区为一次污染严重的重点城市和区域性复合污染严重的重点区域。继续削减 SO_2 排放总量，加强 NO_x 污染防治，深化尘污染综合治理，形成以质量改善为核心的多污染物综合防治体系。

必须全面加强尘（包括烟尘、工业粉尘和扬尘）的排放控制。由于尘污染是局地性污染，主要由地方提出明确的减排要求，并将改善局地空气质量作为各城市大气环境保护最重要的任务。推进动力煤洗选，燃煤锅炉实施高效除尘治理；通过电力行业 SO_2 和 NO_x 的总量控制实现 $PM_{2.5}$ 的协同减排；对于电力行业实现除尘革命，普遍采用布袋除尘器或电-袋复合除尘器等高效除尘设施；逐步淘汰水泥行业机械式除尘器；钢铁行业烧结机头优先采用电除尘或布袋除尘；控制无组织颗粒物排放。

“十二五”期间应继续深化 SO_2 总量控制。①以工程减排和管理减排为主，继续严格火电厂脱硫要求，把火电厂脱硫设施稳定运行作为首要要求，继续淘汰小火电；②推进非电行业减排，走结构升级技术路线，通过清洁生产加强生产工艺过程中硫的回收，加大中小型燃煤锅炉改造力度，使用清洁能源或固硫型煤，促进低矮面源综合整治；③继续加强钢铁行业和有色行业的工程减排，加快淘汰落后生产工艺。到“十二五”末期，SO_2 在 2010 年的基础上削减 5%。

NO_x 污染防治坚持“分污染现象、分区域、分行业”区别对待的原则，走重点行业加重点区域控制的技术路线，形成防治火电行业排放为核心的工业 NO_x 防治和以防治机动车排放为核心的城市 NO_x 防治体系，重点行业为电力行业和机动车，重点区域主要为珠三角、长三角、京津冀等地区。对电力行业实施总量控制，并分解落实到区域。

酸沉降是全国尺度的环境问题，主要由火电厂排放引起，应在全国范围内控制火电行业 NO_x 排放，普遍推进低氮燃烧技术，新、扩、改建机组普遍配置烟气脱硝设施，复合型污染重点区域逐步实施现役机组脱硝改造，以遏制酸雨硝酸盐比例上升问题；臭氧污染则是城市尺度的环境问题，多发生于北京、上海、广州等大型城市，主要由机动车排放所引起，应全面推进机动车污染控制，“十二五”在全国范围内推行国Ⅳ标准，在重点区域先行推行国Ⅴ标准。

在珠三角、长三角、京津冀等重点区域，电力行业在采取低氮燃烧的基础上基本建设脱硝设施，非电工业推广使用低氮燃烧技术，同时加强 VOCs 的协同减排，以控制日趋严重的细颗粒物及臭氧污染问题。对重点城市实施燃煤总量和机动车总量双重控制。到“十二五”末期 NO_x 总量有所降低，电力行业削减 50 万 t 左右。

积极推进 VOCs 污染防治。防治石油化工、汽车涂装、木质家具制造等行业工业有机废气污染；防止工业溶剂使用过程中挥发性有机物散逸；加强机动车 VOCs 排放控制；加油（气）站、储油（气）库和油（气）罐车采取密闭措施；制定挥发性有机物的环境空气标准、排放限值标准和溶剂挥发性有机物排放的产品标准；在工业园区和典型城市开展 VOCs 监测和系统减排工作。

重视有毒有害物质管理。在重点地区先行控制措施，重点关注大气汞、苯系物、二噁英等物质控制。以控制火电和锌冶炼行业汞排放为重点，提高除尘、脱硫、脱硝设备的协同效率，减少高汞煤的开采使用，因地制宜地实施汞污染控制。加强二噁英等有毒有害污染物防治。加强基础能力建设，编制有毒有害物质排放清单。

建立健全管控制度，控制温室气体排放。以调整能源结构和发展低碳经济为基础，积极应对气候变化，力争 2020 年单位 GDP 温室气体排放强度下降 45%。将温室气体纳入环境统计体系，重点测算电力、水泥和石灰石、冶金等行业的温室气体排放系数，建立排放清单；建立温室气体监测网，开展温室气体浓度监测；加快转变发展模式，大力发展可再生能源，调整和改善能源结构；将提高能源利用效率作为控制温室气体排放的首要手段；充分利用协同效应实现温室气体减排，优化调整减排技术政策以实现多污染物协同减排；加强国际互利合作，引进吸收国际先进的减排技术建立；完善碳排放强度评价体系开展试点示范，推动低碳技术开发与扩散激励机制，建设低碳经济示范区；做好生态系统减源增汇工作；建立国家应对气候变化战略基金。

1.7.4 土壤污染防治

土壤污染防治是我国环境保护的薄弱环节，应大幅度提升土壤作为环境要素的作用，把固体废物等作为土壤污染源建立关联，抓紧建立和完善固体弃物和土壤环境监管的法律制度，优先建立污染土壤风险评估和环境现场评估制度，建立土壤污染防治投入机制，加强土壤环境监测监管能力建设，高度重视土壤环境安全，强化土壤环境修复治理。

在土壤污染普查的基础上，对我国土壤环境进行全方位的评估，结合我国主要粮食产区，菜篮子基地分布情况，提出土壤环境分区控制、利用和保护的对策。对土壤环境不符合环境功能要求的地区，提出调整的建议。

以基本农田、重要农产品产地特别是“米袋子”“菜篮子”基地为监管重点，开展农用土壤环境监测、评估与安全性划分，以防为主。严格控制主要粮食产地和蔬菜基地的污水灌溉，强化对农药、化肥施用强度的控制及其废弃包装物、农膜使用回收管理。

以地方病流行区、癌症高发区、环境污染纠纷频发区、影响农村人居环境安全和社会稳定等热点地区为重点，加强土壤污染防治，保障人居环境安全和人体健康。选择有代表性的污灌区农田和污染场地（如化工、电镀、油料存贮、POPs、农药加工、危险废物填埋堆放场地等）开展污染土壤治理与修复试点，开展垃圾填埋场、危险废物堆放场地、搬迁工厂污染场地的修复，建立技术体系，积极推进历史遗留问题的解决。

1.7.5 固体废物污染防治

制定和落实固体废物、危险废物有关优惠政策，加强综合利用过程监管，继续实施电子废物等圈区管理，规范引导行业发展。加大危险废物处置技术研发能力和产业化支撑能力，打破危险废物处理处置的地方保护主义，形成规模效益，全面提升危险废物处置产业化水平。推进历史堆存和遗留的危险废物安全处置工作。对现有设施（包括自建设施）进行全面的监督性监测（有条件的进行区域环境背景监测）、清查，公布监测结果。开展风险评估，全面监督和检查企业自行建设和管理的处理处置设施。加大淘汰落实设施力度，加强经营许可证准入管理和动态淘汰。

全面开征城市生活垃圾处理费、加大城市基础设施运行维护费支出或者财政支出最低比例保障，有计划、有步骤地提高生活垃圾处置收费标准，实现 2020 年县县建设垃圾处理厂的基本公共服务要求。整治不简易垃圾处理或堆放设施，加强渗滤液处理要求，提高垃圾清运比例。改善生活垃圾处理设施形象，充分发挥现有处置设施环境绩效，推动生活垃圾处理设施的持续利用。建设焚烧飞灰、厨余垃圾处理示范工程。加大生活垃圾焚烧技术应用，东部地区、经济发达地区和人口密集区优先选用焚烧处理技术，垃圾焚烧处理率应不低于 50%，中西部地区垃圾焚烧处理率应不低于 25%。有条件的地区兼顾农村生活垃圾的处理处置，因地制宜推行村收集、镇转运、县处理。

强化工业固体废物综合利用和处理处置。出台标准，建立技术规范，把工业固体废物管理逐步纳入管理。建设区域性、特征性的工业固体废物处理处置中心。加强监督检查，在保障环境安全的前提下提高综合利用水平和效率，降低单位工业增加值固体废物产生量和排放量。逐步减少工业固体废物和危险废物贮存量。适度修正危险废物名录，建立小源豁免制度，筛选提出严格管理的工业固体废物名单。

1.7.6 生态与农村环境保护

坚持预防为主、保护优先的方针，以生物多样性丰富区、重要生态功能区和主要资源开发区的生态保护为重点，理顺管理体制，加大管理力度，优化生态建设的资金配置，充分发挥自然环境的自我修复能力，切实提高生态保护和建设的质量。城乡统筹并重，加强农村饮用水水源地的建设，控制农业生产和农民生活过程中的污染物排放，改善农村生态环境。

“十二五”期间，生态保护工作要突出重点，立足于国家赋予环保部门在生态保护领域的职能，以维护国家生态安全为中心，围绕“自然生态保护、农村环境整治、生态统一监管”三大重点，尊重自然规律，充分发挥生态系统的自我修复能力，积极开展生态建设，逐步改变生态环境退化状况；综合运用工程、技术、生态的方法，加大环境保护和建设力度，促进生态系统良性循环。

加强重点区域生态保护和建设，构建国家生态安全体系。加强重点区域的生态保护和建设，维护重要的生态功能，促进重点区域的生态状况的稳定和改善。自然保护区实施严格保护，强化保护和管理能力建设，出台并实施管护能力建设标准，推动自然保护区建设从“数量型”向“质量型”、由“面积型”向“功能性”的转变，达到建设标准的国家级自然保护区比例达到 50%。针对 22 个国家限制开发区域和 50 个重要生态功能区实施“减轻压力、休养生息”的方针，引导产业生态转型、部分生态超载退化严重地区的人口转移；以生态功能为导向，整合国家生态保护与建设工程，优先实现重要生态功能区的保护与恢复。

以奖促治，以奖代补，以激励为主，城乡统筹，不断强化农村环境治理与保护。抓住中央推进农村环境保护、解决影响农民健康的环境问题的机遇，做好农村（生产和生活两大领域）环境保护工作，建设清洁家园、清洁田园、清洁水源，保障食品安全。以实行“以奖促治、以奖代补”政策和强化监管为主线，建立和扩大农村环境保护的专项资金，建立健全农村环境综合整治体系。完善目标责任制，加强农村环保监管能力建设，完善农村环保经济政策和推广农村环保实用技术，率先针对重点流域、区域和问题突出地区开展集中整治。以加大畜禽养殖污染防治力度为突破口，强化农业环境监管工作。编制实施《全国农村环境综合整治规划》，出台建设标准，达到综合整治要求的村镇比例上升 3 个百分点。

构建生态监测网络，完善生态保护监管体系。将生态监测网络体系建设作为“十二五”期间的生态保护重点任务之一，充分利用环境卫星资源，建立和完善地面监测台站，建立天地一体的生态监测网络，完善生态评价指标与方法，分类型制定生态状况评价技术方法和标准。完善法律法规、部门规章和技术规范，加强在生物安全、物种资源利用、资源开发的生态监管，建立生态保护和建设工程效益的评估机制。完善生态补偿，构建生态保护的长效机制。

1.7.7 核与辐射

我国核与辐射安全的总体目标是，提高核能与核技术行业特别是核与辐射安全监管单位的核安全文化素养，健全和完善核与辐射安全及放射性污染防治的法规和标准体系，建立和健全核与辐射安全及放射性污染防治的监管体系和队伍，建立和配备针对核与辐射安全及放射性污染的有效评价体系和检测手段，扶持和建立核与辐射安全及放射性污染防治的研究平台，开展有关应用研究和技术开发，在一些相关的重大技术研发领域有所突破，建立并保持对放射性危害的有效防御，以保护人员、社会和环境安全，保证核能及核技术利用的可持续发展。

完善核与辐射安全法律、法规和标准，加强监管能力建设。加快《核安全法》和有关条例的起草工作。完善部门规章和国家标准。健全核设备规范标准体系。健全和完善与我国核能与核技术发展相适应的核与辐射安全监管组织体系，强化监管机构，充实监管队伍。完善现有 6 个区域核与辐射安全监督站的建设；建设核与辐射安全中心、中国辐射环境监测技术中心、中国核安全设备监管技术中心。“十二五”期间，核与辐射安全监管人员逐步达到 2 200 人的规模。增强核与辐射安全审评、监督技术支撑能力。实施先进的核与辐射安全监管方法和模式。系统整合社会资源，重点建设一批关键安全技术验证实验室。建立国家核与辐射安全监督管理技术数据系统。引进、消化和开发核与辐射安全分析评价软件。加强国家级辐射监测的技术力量和装备能力，提高全国辐射监测水平。建设 I 类放射源和高危险流动放射源辐射安全在线监控系统。完善核与辐射事故应急基础设施，加强应急能力建设。

综合解决历史遗留问题。出台全面的放射性废物管理政策，尽快制定国家处理军工等核设施、核基地退役和治理、历史遗留放射性污染防治和环境治理的行动计划，设立核设施退役和放射性废物处理处置基金，确保遗留问题尽快解决。对于核工业建设早期选址在江河水系上游、环境风险比较大的核设施，要加快放射性“三废”治理和退役工作的进程。出台铀矿冶设施退役治理工程移交监护办法，保障退役铀矿安全。明确政府在“三废”治理项目中的主导地位。

促进核与辐射安全技术进步。①不断改进现有的“二代加”反应堆的安全水平，引进、消化、吸收、再创新三代核电技术，形成我国未来核电主力堆型和有自主知识产权的核心技术，积极开展快堆和高温气冷堆技术研发；②自主开发与引进相结合，全面提高我国核燃料循环设施的安全水平；③加快淘汰危险性大的老旧Ⅰ类、Ⅱ类放射源应用设施，采用新技术和新工艺促进潜在危险性较大的辐照加工和工业探伤等核技术应用行业的技术更新换代。

1.7.8 环境监管能力建设

“十二五”期间，以建立与新时期环境保护任务需求相匹配的环境监管能力体系为目标，重点围绕“三个三”推进环境监管能力建设，即集成三大体系、实现 3 个转变、统筹 3 个体现。

建设范围上应综合集成三大体系，界定环境监管能力范围和领域。以建立完备的监测预警体系、完善执法监督体系为重点，逐步加强环境管理支撑体系建设，综合提高环境监测、监察、信息、统计、宣教、科研等领域的环境监管能力，着力提高整体效率，统筹考虑、软硬兼顾、综合集成三大体系建设的目标、任务和政策。

合理确定环境监管能力建设重点，努力实现 3 个转变。①由常规达标向全面达标转变（适度调整建设标准），推进环境监管能力硬件配置再上水平；②由注重硬件向全面提升转变，形成真正的环境监管能力；③由齐头并进向重点扶优转变，侧重绩效，合理优化配置资源。

建设层次上应统筹 3 个体现，明确环境监管能力建设的差异性。①在中央与地方事权层面上，应重点体现国家事权，完善国控点位，优化国家网络，探索建立国控网站运行机制，满足环境目标考核的要求；②在省市县环境监管能力建设层面上，体现强化“配精省级、配强市级”，选择性“配齐县级”；③在建设阶段层面上，体现重点，增加臭氧、$PM_{2.5}$、VOCs、温室气体、水质全分析、有毒有害物质等急需监测设备，推动卫星遥感和地面监测相结合的生态环境监测。

1.7.9 投资需求和重点

按照要素总量削减初步估算，“十二五”期间水污染防治投资约需要 4 400 亿元，主要用于饮用水水源地环境保护、污水处理厂及配套管网建设、污水处理厂工艺改造、企业提标改造、面源污染治理等；脱硫脱硝投资各约 500 亿元。

按照环境经济预测模型，废水治理投资 2 652 亿元，SO_2 治理投资 1 871 亿元，废水处理运行费 3 019 亿元，SO_2 运行费 247 亿元，大气污染治理投入（含运行费，不含 NO_x）为 4 236 亿元，固废治理投入 724 亿元，废水、废气、固废治理投入三项合计约占同期 GDP 的 1.95%。

1.7.10 政策措施建议

民本为先，努力推进环境基本公共服务均等化。将基本的环境监测与评估服务、环境监管服务、污水及垃圾等环境治理服务、环境应急服务、环境信息知情服务等纳入环境基本公共服务范围，通过实施环境基本服务项目建设，加大中央和各级政府对环保基本公共服务均等化投入，政府对社会公众所面临的环境问题进行干预，基本实现环境质量有人监测，环境破坏行为有人制止，环境污染及生态破坏有设施消除和恢复，环境事故有效预防和处理，环境知情权得到维护，使不分地域、不分城乡、不分阶层的社会公众逐步享有基本的、在不同阶段具有不同标准的、最终大致均等的环境基本服务。

加强统筹协调，全方位多渠道增加环保投入。合理划分环境保护事权、财权，理清各级政府在环保投入中的责任。科学合理地划分与财权相一致的环境保护事权，“十二五”期间应尽可能根据现有的财权划分体系，考虑确定中央与地方政府相应的环境事权，提高中央在全局性、区域性和重大突出环境任务中的投资比例。建立环境保护投资稳定增长机制，强化政府环保投入的主体地位，以建立和疏通环境保护投资有效渠道为重点，以法律法规的形式予以保障。强化“211 环境保护”预算科目经费保障，确定环境保护年度预算经费占财政预算支出比例，或者逐年按一定比例增长。积极探索公共财政增加环保投入的突破口，年度财政预算超收部分的一定数量用于环境保护。完善财政转移支付制度，将环境保护作为重要因素予以考虑，将主体功能区、环境基本服务均等化作为重要的因素。在加大一般性转移支付的总体趋势下，不削减环境保护的专项转移支付。将环境税，部分的环境相关的消费税、资源税、出口退税、环境违法罚金、污染防治押金等部分特定收入作为专项，定向用于环境保护。调整增值税、营业税、所得税完善企业环境保护优惠政策。创新环境金融产品，大力发行市政环保债券、企业环保债券、排污权质押和信托投资资金等，实现环保投入的多元化。改革环保投资统计框架，提高环保投资决策分析能力，对现有环境保护投资口径进行优化调整。

完善环境保护管理政策体系，探索中国环保新道路。①完善法律法规，建立以末端控制为主覆盖生产全过程的排放标准体系，加强源头控制和全程管控，体现全防全控理念。②建立健全环境功能区划及分区管控的目标和政策体系，实施分区引导、分类管理；提高环境规划的权威性，坚持环保规划先行，与产业规划、土地规划、城市规划相协调统一；尽快出台《规划环境影响评价条例》，建立环境影响评价综合决策机制。③建立环境准入及退出长效机制，以环境保护优化经济增长，新上项目必须由环境保护部等部门颁发“环保准入证”，制定高污染、高环境风险工艺和设备的淘汰标准，建立重污染长效退出机制。④完善环境管理制度，采用综合手段解决环境问题，继续推进环境经济政策，建立健全上市公司环保信息披露制度，完善上市公司环保核查，深化绿色证券，更新绿色采购清单，推进绿色税收，积极推动开展排污交易、生态补偿、重污染企业退出市场机制、工商注册登记环保联动的试点工作，建立环境风险管理制度，从目前重点控制和管理常规污染物向关注营养盐过量和有毒有害物质的风险管理转变。⑤团结动员社会各界力量，走环境保护群众路线，建立环保统一战线，推动城市空气质量、重点源和监测断面信息公开，建立环保、水利、建设等部门间环保数据的共享，加强环境信访、“12369”环境热线等环境信访渠道，实行有奖举报。

1.8 还需进一步深入研究的若干问题

在规划基本思路研究过程中，部分内容还需要进一步深化，规划编制组也遇到一些问题，需要进一步研究论证和听取有关方面的意见，主要包括：

（1）基础数据的衔接。规划编制组需要尽早利用普查的一些关键数据，结合现有的统计口径，进行评估，提前做好衔接准备。同时，有关部门应保持污染源统计口径，并延续到 2009 年、2010 年，建立规划基础数据系列。

（2）进一步分析论证导向型指标设计。进一步分析扩大内需和工业化进程对环境保护的影响，合理确定污染物新增量。进一步研究并明确氮的总量指标选取氨氮还是总氮的问题，NO_x 的总量控制落实于行业还是区域，如何推进“十二五”期间的总量指标分配、考核等也需要深入研究，另外颗粒物和 VOCs 污染防治还需要进一步深入。同时，探索基于若干因素的污染物排放总量公式法分配方法，突出效率，兼顾公平，体现差异，避免矛盾。

（3）深入研究技术路线和目标技术经济可达性。在紧密联系经济社会发展情景的同时，以技术可行、经济可承受、环境质量响应 3 个角度对目标指标进行深入分析论证，明确技术路线、控制重点，提出可操作性、针对性强的行业经济政策，根据可能兼顾需求提出规划目标指标，进一步从下而上、落实于具体区域分析环境质量目标的可行性和可达性。

（4）分析提出土壤、生态、农村环境保护工作的任务和抓手。要大幅度提高土壤作为要素的分量，在目前机制体制没有完全理顺的前提下分析生态和农村环境保护的抓手，落实具体任务，争取抓实抓准。

（5）进一步研究环境安全保障和风险防范问题。以事前防范为重点，提出环境风险管理纳入常规环境管理的措施，明确环境安全保障的重点工程，分析总量—质量—风险体系的战略定位及其切入点。

（6）研究温室气体问题。分析把握“十二五”期间温室气体的政策趋势，研究国际温室气体减排压力对我国经济社会的影响，探索以更加积极的态度主动应对温室气体的切入点和长效机制。

（7）研究构建环境保护的重大保障。分析环境基本公共服务纳入国家基本公共服务框架的可能、途径及其配套措施，合理界定中央政府和地方政府之间环境保护的事权、财权，研究提出与“十二五”期间主要任务措施紧密衔接的环境科技和产业支撑需求。

1.9 今明两年应为“十二五”规划做好的前期准备工作

（1）先行研究并尽快调整部分环境标准、方法。以典型行业为突破，建立产污强度和排污强度体系，并以淘汰、准入、标杆 3 个层次分别表达，探索建立评价体系并积极调整相关管理制度政策。建立优先控制有毒有害物质名录。建立 8 小时臭氧标准，将臭氧纳入环境空气质量体系，部分地区实行 $PM_{2.5}$ 监测评价，并研究评价体系改变后的各方面影响。对劣Ⅴ类水体水质建立分级细化的评价体系。研究提出环保投资口径等各方面的统计体系，并依托污染源普查等，建立新的统计体系。研究提出部分行业的严格的排放标准，修订完善氨氮排放标准，逐步改变排放标准与功能区划衔接的做法。

（2）尽快启动能力建设和基础调查专项。启动汞污染本底调查。对全国环境安全风险源和历史遗留问题进行调查，为建立类似超级基金性质的重大环境安全保障工程奠定基础。建立灰霾、VOCs、$PM_{2.5}$、臭氧、温室气体监测体系。开展农村环境状况调查。从区域客观和流场的角度优化区域监测点位，大幅度增加国控点（站）位，探索运行机制，并以国控断面为突破口，明确对应的环境功能，实施水质类别和达标的双评价。

（3）搞好实施试点和示范。选择典型案例地区，分析并优化建立 COD 新增量宏观测算体系。建立不同问题类型的土壤污染修复试点，并提炼工程规范体系。试点建立脱硝工程技术体系和政策管理体系。大力推进面源水污染防治试点，分析评估试点地区面源减排抵扣点源量政策的可推广性。建立氮减排的技术体系。以漳卫南流域为试点，探索建立流域规划编制、评估、实施、检查的新机制，试点流域海域统筹的水污染防治规划。编制城乡统筹的土壤污染防治规划。与有关部门衔接，明确专项规划项目规划的操作方式，确保继续发挥项目规划的作用，避免专项规划流于政策性和宏观性。

1.10 地方规划前期研究和编制需要注意的方面

省级环保规划应重点针对省域内的主要环境问题，明确调控的目标（跨市河流考核目标和城市空气质量达标率的确定）和解决问题的优先排序，强调空间的合理布局，确定主要任务和政策措施，分解落实到各地市、各部门、各年度，明确评估考核要求，谋划重大工程项目，并测算投资需求和分析目标的可达性；同时，做好与国家和地市规划指标的衔接。省级规划既要做好与“国家规定动作”的衔接，又要根据地方特点确定“自选动作”。国家规划在确定统一控制目标的同时，也要坚持分类指导，为区域特色控制提出意见，通过国家规划与地方规划的有机衔接和合理分工，将全国环保规划体系融为一体，形成规划的合力。

地市级环保规划实际上应是省级环保规划的具体行动计划，突出环境质量的改善内容，以实施为主，自下而上进行不同方案的比选论证，主要涉及工程项目和投资需求两部分，重点分析上级规划确定的目标、指标实现的可达性。应充分重视联合编制区域性的环境保护规划，在以要素规划为主的前提下，打破行政界线，探索突出自然地区区域和经济发展大区的环境保护联合规划或一体化规划，大力推行区域联防联治。

各地在“十二五”规划前期研究和编制工作中，应加强与经济社会等综合部门的衔接，密切关注“十二五”期间社会经济发展态势，并做好规划之间的统筹衔接；应加强技术经济分析和论证，深入研究目标指标的可达性和关联性，强调公众参与。各地应大力推进区域性特征因子和总量控制制度的实施，通过特征性污染因子切实解决总量和质量关联的问题，地市一级可以试行以解决环境质量为主的清洁水行动计划和清洁空气行动计划，大力加强水质水量综合管理；试点城市环境保护总体规划，建构环境先行的城市规划体系；开展综合性功能区划试点，落实主体功能区划要求，引导产业优化布局；自下而上，落实点位、断面环境质量改善要求。实行基于环境功能区划要求的综合性中长期环境规划，作为经济社会发展规划的基础性规划，并滚动修编、实施。

第2章

“十一五”规划实施情况

2.1 “十一五”规划制定的背景

“十五”期间，中国经济增长经历了一个高速发展期，国民经济保持年均 9.48%的速度持续增长，高能耗、高物耗、高排放的粗放型经济增长方式导致对能源和资源的需求迅速增加，造成了严重的环境污染和生态退化，我国环境保护形势日益严峻，已经开始进入污染事故多发期和矛盾凸显期，而一些深层次环境问题仍未取得突破性进展，环境保护滞后于经济发展的局面没有改变，体制不顺、机制不活、投入不足、能力不强的问题仍然突出，有法不依、违法不究、执法不严、监管不力的现象比较普遍。

为遏制这一趋势，党中央、国务院提升了环境保护的战略定位，明确提出了环境保护领域的工作要实现三个历史性转变，2006 年 3 月 14 日，十届全国人大四次会议上审议通过了《中华人民共和国国民经济和社会发展第十一个五年规划纲要》（以下简称《纲要》），《纲要》中强调，环境与经济社会目标之间互相关联，为实现环境保护目标，应优先考虑调整经济结构，应平衡经济增长与资源节约、能源使用效率以及环境保护等各方面的需求。

2.2 “十一五”规划试图着力解决的问题

以控制污染物排放总量为核心，把防治污染作为重中之重，把保障城乡人民饮水安全作为首要任务，突出政府职能，履行环保监管与污染防治职责，以十大重点工程为依托，开展环保基础设施与能力建设，努力实现“三个转变”，建立考核评估机制，积极实施环保规划，力争 SO_2 和化学需氧量排放总量得到控制，重点地区和城市的环境质量有所改善，生态环境恶化趋势基本遏制，确保核与辐射环境安全，切实解决危害人民群众健康和影响经济社会可持续发展的突出环境问题。

2.3 “十一五”规划实施期间社会经济发展态势差异

2005—2008 年部分经济社会、资源能源指标与原规划目标要求存在一定差异，并对环境保护规划实施产生了一定的不利影响。5 个正向指标（表示该指标值的增大总体上有助于环境质量改善）中，只有单位工业增加值用水量减少指标可望达到规划目标，其他 4 个指标的实施进程滞后，经济结构调整不尽理想，依赖投资和工业拉动的经济增长模式没有改变，客观上增加了环境压力。逆向指标（表示该指标值的增大总体上将对环境带来一定的压力）中，表征国民经济总量的两个指标“国内生产总值”和“人均国内生产总值”指标增速过快，随着经济规模的增加、城镇化率的提高，污染物排放压力进一步增大。

表 2-1 “十一五”国民经济和社会发展环境关联指标实现情况

类别	指标	2005 年	2007 年	2008 年	2010 年目标	对环境影响
经济增长	国内生产总值/万亿元	18.4	25.0	30.1	26.1	逆向指标
	人均国内生产总值/元	14 103	18 934	22 640	19 270	逆向指标
经济结构	服务业增加值比重/%	39.9	40.1	40.1	43.3	正向指标
	研发经费支出占国内生产总值比重/%	1.2	1.4	1.52	2.0	正向指标
	城镇化率/%	43.0	44.9	45.7	47.0	逆向指标
人口、能源与资源	全国总人口/亿人	13.1	13.2	13.3	13.6	逆向指标
	单位国内生产总值能源消耗减少/%	—	5.4	9.5	20.0	正向指标
	单位工业增加值用水量减少/%	0	8.92	22.3	30.0	正向指标
	农业灌溉用水有效利用系数	0.45	0.46	0.483	0.50	正向指标

2.4 “十一五”规划实施的成绩

2.4.1 主要污染物排放量减排进展情况与末期预测

2008 年全国化学需氧量（COD）排放总量 1 320.7 万 t，在 2005 年（1 414 万 t）基础上削减了 6.61%，全国化学需氧量减排工作任务完成进度略超过时间进度。全国半数以上省份 COD 总量目标完成情况进度良好。“三河三湖”、黄河中上游、松花江、三峡库区及其上游等 9 个重点流域在 2005 年基础上化学需氧量总量削减了 7.95%，氨氮总量削减了 19.1%。

2008 年全国 SO_2 排放总量为 2 321.2 万 t，比 2005 年（2 549 万 t）下降了 8.95%，其中全国电力行业 2008 年底 SO_2 排放总量为 1 104.5 万 t（2010 年目标为少于 1 000 万 t），全国总体情况及 21 个省市进展较为顺利。重庆、上海、辽宁、内蒙古、陕西、吉林和黑龙江 7 省（直辖市、自治区）形势严峻，青海、宁夏、新疆及新疆生产建设兵团 SO_2 排放量不降反升。全国电力行业完成减排目标任务的 80%，陕西、云南、宁夏、黑龙江、海南等省电力行业排放量不降反升。

按照 2009—2010 年 GDP 增长速度分别为 8%和 8.5%测算，2010 年相对于 2008 年 COD 新增量将达到 195.4 万～253 万 t，需要新增削减量 246 万～303 万 t；2010 年相对于 2008 年 SO_2 新增量将达到 267.4 万～444 万 t，需要新增削减量 294.6 万～471 万 t。

2.4.2 环境质量目标进展情况

尽管全国地表水国控断面水质平均浓度有所下降，七大水系国家监控断面中Ⅰ～Ⅲ类水质断面比例已经提前实现规划目标，但 2010 年衡量水环境整体质量水平的劣V类水体比例指标不容乐观。2008 年全国地表水国控断面劣V类水质断面比例为 24.4%，比 2005 年降低了 1.63 个百分点，距 2010 年目标还存在 2.37 个百分点的差距，预计只有经过 2009 年、2010 年持续努力后，2010 年该指标才有可能达到规划要求。

2008 年，全国 113 个环保重点城市中，空气质量好于二级标准的天数超过 292 天的城市共有 108 个，达标率为 95.58%，已提前达到 2010 年目标（75%）。2008 年全国城市空气中 SO_2 和 PM_{10} 的年均浓度仍远高于发达国家和我国周边的东亚国家水平，全国城市空气 NO_2 浓度已接近欧美等发达国家水平，在东亚地区处于中等水平。若在现有环境质量评价体系中增加 O_3 等因子，达标城市比例将会大幅度降低（部分城市下降 20～30 个百分点）。

2.4.3 十大重点工程进展情况

（1）环境监管能力建设取得突破成绩，但监测监察达标建设进度滞后。截至 2008 年底，累计下达投资 116.69 亿元，完成工程建设规划总投资的 78.01%，其中中央投资 61.78 亿元（占中央投资的 78.73%），新建、在建或基本建成 125 个空气质量监控点、31 个农村空气自动监测系统、263 套城市空气监测系统、7 个酸沉降背景点、69 个沙尘暴监测点、26 套地表水自动监测系统、241 个污染源自动监控中心、73 套核与辐射连续自动监测站、应急监测车及仪器设备 118 辆（套）等，环境监管能力得到较大提升。

但是，近岸海域监测项目，丹江口库区及其上游水环境监测能力建设项目，核安全监管技术支持系统、环保业务信息化建设等尚未实施，影响了环境监管能力建设重点工程的总体进度。差距较大的是监测监察达标化建设。截至 2008 年年底，尽管配置了 27 869 台套监测仪器，54 743 台套监察仪器设备和车辆，但目前省级监测站常规监测能力达标率为 35.29%，地市级监测站常规监测能力达标率为 23.06%，区县级监测站常规监测能力达标率仅为 16.94%；省级环境监察机构建设达一级标准比例为 40.6%；达二级标准的地市级环境监察机构比例为 43.7%；达三级标准的区县级环境监察机构比例为 29.1%。要实现 2010 年区县级监测 80%达标、监察 70%达标难度极大，其中未达标主要集中在区县一级，涉及的因素主要为人员编制、业务用房、专项设备等。

（2）危险废物和医疗废物处置工程总体进展顺利，竣工验收和配套政策完善需要加快以便充分发挥效益。截至 2008 年年底，91%的规划危险废弃物和医疗废弃物处置设施建设项目已经完成前期工作，43.5%的项目基本完成建设任务，基本建成、具备能力的医疗废弃物和危险废弃物处置设施 120 座和 20 座，形成 620 t/d（22.6 万 t/a）医疗废弃物处理能力和 66 万 t/a 危险废弃物处理能力，尚有 35 个项目（医废 25 个、危废 10 个，西藏 7 个项目均未完成）由于各种原因尚未完成可行性研究阶段的工作。河北省、山东省、四川省危险废弃物项目迟迟不能落地，可研和环评工作无法开展。已下达国债资金的项目中，由于选址变更、征地困难，地方配套资金不落实，业主变更、运营方式改变，设备招标不落实等原因，相当一部分建设进度缓慢。由于废弃物收集量不足、收费政策未真正到位、税收优惠政策不落实等原因，已建成项目不能及时组织竣工验收，项目运行困难，影响到项目环保效益的发挥。

（3）铬渣污染治理工程进展基本顺利。截至 2008 年年底，我国已实施铬渣污染治理工程 41 项，累计处理铬渣 130 万 t。建成项目 23 个，完成《纲要》确定项目的 56%。列入《纲要》的 19 个省（直辖市）中，山东、浙江两省的铬渣已全部处置完毕，河北、山西、内蒙古、湖南、湖北、江苏、重庆、甘肃、陕西、辽宁、云南 11 个省（直辖市、自治区）铬渣处置设施已建成并投入使用。8 个项目处于在建过程，9 个项目处于前期工作阶段，还有 1 个项目由于资金短缺和技术路线不确定等原因，工作进展缓慢，预计“十一五”期间不能完成建设。

（4）城市污水处理工程推进速度较快。2008 年我国已建成投运城市污水处理厂 1 521 座（比 2005 年增加污水处理厂 712 座），形成污水处理能力 9 092 万 t/d，（新增污水处理能力 3 368 万 t/d，已接近 2010 年 1 亿 t/d 的规划目标，污水厂建设已完成“十一五”规划要求的 74.8%，全国城镇污水处理率提高到 66%，接近 2010 年规划目标（70%）。全国污水处理厂平均运行负荷达到设计能力的 73.6%。1 300 多座污水处理厂已安装了在线监测系统。

但是城市污水处理工程任务仍然艰巨。新增已建成污水处理厂管网长度达到 4.896 6 万 km，仅完成“十一五”规划要求的 30.1%，距离 16 万 km 的规划要求差距较大。不少地区污水处理负荷偏低，县城城市污水处理率很难达到 30%的要求。城市之间污水处理状况差异较大。再生水利用和污泥处理滞后。污水处理设施企业化运行相对滞后，效率有待提高。

（5）重点流域水污染防治工程稳步推进。截至 2008 年 9 月，淮河、海河、辽河、巢湖、滇池、松花江、三峡库区及其上游、黄河中上游 8 个流域规划安排的 2 712 个治理项目中，已建成 881 个、在建 960 个，完成投资 510 亿元，好于“十五”同期进展水平。松花江流域规划项目进展较好，项目未动工率仅为 5.4%（淮河为 17.6%）。流域规划项目的评估调整机制亟待建立。

（6）城市垃圾处理工程进展基本顺利。2008 年，全国城市生活垃圾无害处理率 64%，生活垃圾无害化处理能力 286 165 t/d（315 283 t/d），已达到 2010 年目标（60%）。

（7）燃煤电厂及钢铁行业烧结机脱硫工程超额完成任务。2008 年，全国建成并投运的燃煤电厂脱硫设施由 2005 年的 0.46 亿 kW 增加到 3.63 亿 kW，已超额完成 2010 年目标（2.13 亿 kW）；全国投运的燃煤脱硫机组共 1 062 台，脱硫机组装机容量占全国火电总装机容量的比例由 2005 年的 12%提高到 2008 年的 60%，形成 SO_2 减排能力 1 000 万 t，全国燃煤脱硫机组脱硫综合效率提高到 78.7%。但火电脱硫工程建设质量不容乐观，稳定运行是薄弱环节，脱硫石膏等问题需要抓紧解决。钢铁行业完成了 10 台规模 1 000 m^2 烧结机烟气脱硫工程，但不少未正常运行。

（8）重点生态功能区和自然保护区建设工程基本处于前期。范围在一个省内的国家级重点生态功能保护区，除内蒙古外均由所在省份编制了建设规划，陕西、青海、甘肃、西藏、黑龙江等省区已启动了前期的示范建设。但是范围跨省的国家级重点生态功能保护区，目前还没有实质性启动。

（9）核与辐射安全工程进展基本顺利。截至 2008 年年底，核与辐射安全监管能力建设基本实现了时间过半、任务过半的目标。31 个省级环保部门都成立了辐射环境监察监测机构，核与辐射事故应急技术中心、辐射环境监测技术中心已经投入运行，绝大部分省级辐射环境监测机构实验室通过计量认证或实验室认可，全国辐射环境监测网络体系初步形成，全国共建设 36 个辐射环境自动监测站，设置了 332 个陆地监测点、108 个水体国控断面、175 个土壤监测点、84 个电磁辐射质量和污染点、28 个核安全预警点，初步形成覆盖全国的监测网络并正式运行；建立了全国核与辐射应急响应系统，核安全监管技术支持系统建设项目尚未实施，全国核与辐射监管信息系统建设项目可研正在编制中，影响了《规划》的总体实施进度。

（10）农村小康环保行动工程进展尚可。截至 2008 年年底，全国国家级环境优美乡镇达 629 个，全国农村改水人口 8.94 亿人，卫生厕所户数 716.9 万户。另据不完全统计，全国省级环境优美乡镇超过 1 900 余个，已完成行政村环境综合整治超过 5 万余个。但目前实质性农村小康环保行动投资渠道不多，建设标准缺乏，农村环境整治工作比较薄弱。

2.4.4 规划任务措施进展情况

截至 2008 年年底，各项规划任务有序推进，饮用水水源地保护工作得到强化但水质全分析工作仍需加紧进行，淘汰落后产能工作基本顺利，工业清洁生产标准体系已经初步形成，工业固体废弃物综合利用率达 64.9%，全国污染源普查工作进展良好，全国土壤污染状况调查总体顺利，北京绿色奥运环保工作圆满完成，特大自然灾害环境应急处置及时有效，进行了相关主要法规、政策与措施的制定与实施工作。

2.5 “十一五”规划实施的经验

（1）抓住约束性指标重点，带动全面工作。“十一五”规划以约束性总量控制指标为核心，并以此带动其他工作的开展。从《规划》的环境质量与污染物总量减排目标指标来看，由于 5 项指标均进行了针对各省份的、明确的任务分解工作，尤其是总量减排指标均与各省份签订了目标责任书，5 项指标中期完成情况基本顺利，预计能够达到规划目标。从《规划》的十大环保重点工程、环保领域重点工作与相关法规政策措施制定和执行情况来看，与总量减排工作紧密相关的规划内容执行实施情况基本顺利，有明确专项规划要求的内容进展基本顺利，有充足投入保障的工程项目进展基本顺利。

（2）分解落实、严格评估考核，强化政府规划实施责任。国家环境保护规划涉及的面较广，且区域差异较大，必须将规划核心任务和目标分解落实于全国各省、自治区、直辖市，以规划实施责任落实地方政府环境质量负责制，落实区域流域治污责任。污染减排每半年进行一次核查工作，直接考核地方政府，为推进污染物总量削减起到了重要作用。重点流域规划的评估考核也为各地方政府削减流域总量、改善流域水质起到重要的督促作用。

（3）规划目标任务与手段措施政策匹配，有抓手。专项规划的投入保障、城市污水处理收费、脱硫电价等政策的制定与执行，在一定程度上促进了重点环保工程的建设，污染减排的目标责任制也督促了各省市进行淘汰落后产能等任务的实施。各项资金落实的专项规划进展基本良好。规划法规标准、经济政策措施得当并得到积极执行，有力地促进了规划目标任务的实施。

2.6 “十一五”规划的主要问题

（1）经济增长的资源环境压力较大。受我国发展阶段等因素制约，经济社会发展方式短期内难以根本改变，对环境规划实施压力不容忽视，污染减排的主要任务是在抵消新增量并还历史欠债，经济与环境综合决策机制仍然需要在不同层面强化，经济与环境发展目标之间的协调程度需要提高，经济政策制定过程中的环境配套政策应对不足、前瞻不足。

（2）规划投入不足。治理的投入仍然不能满足需求，仅重点流域列入规划的投资需求达 3 000 多亿元，目前投入不足 1/3。中央投入有所加强，但是仍然没有达到相关要求。地方配套资金不足，工程项目的运营与维护投入不足，规划工程的环保效果仍有待提升。一些环境保护重点工程，配套性和系统性明显不足，未从环境效应本身进行考量。能力建设滞后，环境监测能力严重滞后，数据质量控制需要加强，规划实施问责考核的基础需要完善。地区之间、城乡之间环境基本服务和政策实施差异明显分化、加大，各地提供的环境公共服务的范围与程度参差不齐。

（3）规划实施的机制制度缺乏。规划实施过度依赖于中央政府的具体行政措施。法律、体制与政策框架建设不足，公众的监督约束机制缺乏，规划实施评估工作刚刚起步，规划项目动态调整机制没有完全建立，经济社会发展、资源能源与规划实施的关联衔接不足，非考核性的规划任务措施落实不好，被动应对规划实施成分较多。规划评估多注重工程与投资等较易评估考核的内容，而未能从环境效应本身进行考量，规划实施问责考核的数据基础需要进一步完善。

2.7 “十二五”规划的编制建议

（1）做好与经济社会发展规划的衔接，建立环境保护优化经济发展的内生机制，从源头减少资源能源消耗和污染物产生量，有条件的区域实行资源能源消耗量的总量约束，提高资源能源节约利用、技术更新改造、清洁生产技术等全防全控内容，强化行业性政策制度设计，实施加严的行业标准体系，建立刚性的环境准入标准，大力推进经济结构的优化调整，促进发展方式的转变，把调结构作为国民经济和社会“十二五”规划的重点。

（2）做好主体功能区区划和生态功能区划的衔接，组织编制国家环境功能区划，实现空间协调、区划落实，进一步提升环境容量、生态承载力等因素的先行性和基础性作用，尽早谋划区域生态环境保护目标，加快建立生态环境质量状况评估方法与指标，明确抓手，落实指标，统筹衔接，将生态环境保护规划任务抓好做实。

（3）由于现行财税体制问题还将在一段时期内存在，建议“十二五”规划中明确具体任务事权、财权，建立机制化的渠道，将环境基本服务均等化作为国家财政重点保障范畴，改变东中西部区域之间、省市县地区之间和城乡之间差异加大的现象，大力推进农村环境保护，解决历史遗留环境问题，实现投融资政策和方式的创新，生态补偿政策推向具体实施，增加环保投资总量，提高环境保护投入绩效。

（4）建立规划编制、实施、评估与修订的法律、体制与政策框架的长效机制。提升环境质量目标在政府绩效考核中的地位与作用，避免规划实施过度依赖于中央政府的“运动式”的行政措施。建立一次规划、年度分析、中期评估、终期考核的机制，在规划编制阶段实现规划衔接，实现规划项目库的动态调整，强化环境与经济发展规划的联动分析，建立技术平台。以规划的编制实施实现有关环保工作机制体制的突破。

（5）继续加强环境监管能力建设。优先加强是与考核地方政府环境绩效、评估规划实施成效、反映宏观区域环境质量等密切相关的能力建设。客观分析、优化完善、适度调整能力建设标准，改变基本能力达标的推进思路，突出重点推进能力建设，优化监测断面布局，抓好区域性能力建设项目。尽早谋划环境监管能力建设的人才工程、保障工程和基础工程。完善环境监测评价指标体系，将臭氧等纳入评价考核因子，以使环境质量监测与群众感觉基本一致。大幅度提高环境监测、污染源排放等环境信息，有条件地实现实时公布，提高环境意识，动员公众力量保护环境。

（6）以环境质量改善为出发点设计总量减排技术路线，优化政策制度设计。强化氨氮或总氮控制，河海统筹编制统一的水环境保护规划。提升土壤污染防治工作的地位和分量。抓好低矮面源的污染综合治理工作。研究面源污染防治问题，搞好试点。统筹 VOCs、机动车和火电厂污染防治，促进区域多污染物协同控制。大力推进区域性污染物排放总量控制，推行联防联控。加强治污设施包括环境基础设施的监管，提高运行效率，发挥存量资源绩效，建立配套环境政策，从重建设向重运营管理过渡。推广实施排污许可证。

第 3 章

未来经济环境形势

3.1 “十一五”后两年经济环境形势

3.1.1 宏观经济“车行爬坡、踏实健进”，但发展状态尚不稳定

“十一五”后两年全球经济还将面临前所未有的考验，受世界经济短期内难以恢复、中国经济结构性调整、出口需求锐减等因素的影响，我国经济运行将进入调整期。随着积极因素进一步增多，经济向上的动力进一步增强，企稳回升的趋势进一步发展。但企稳回升基础尚不牢固，经济运行仍然面临多重困难，如增长速度仍然较低，物价仍处下行通道，产能过剩问题显现，经济中的泡沫重又抬头，投资和消费失衡等，经济出现反复的可能性还较大。

综合各方面因素，预计 2009 年、2010 年经济低位增长，“保八”的经济增长目标基本可以实现，GDP 增长速度分别为 8%和 8.5%左右，GDP 总量将分别达到 32.5 万亿元和 35.2 万亿元。第二产业占 GDP 比重基本保持不变（维持在 47%～48%），第一产业比重将有所下降，第三产业比重有所上升。2009 年，第二产业增加值将达到 15.9 万亿元，占 GDP 的比重约为 47.8%，比 2008 年下降约 0.8 个百分点。2010 年，第二产业增加值为 18.5 万亿元，占 GDP 的比重约为 48.5%，比 2009 年上升约 0.7 个百分点。

2009—2010 年的工业调整将以重工业调整为核心，是本轮调整的一个突出特点。近年来，我国处于重化工业加速发展时期，重化工业快速增长成为国民经济增长的重要推动力量。经济进入调整期以来，前期高速成长的重化工业产能过剩矛盾更加突出，2008 年重工业增速下调幅度是轻工业的 2.7 倍。重化工业由于产业迂回链条长，增速或减速的惯性大，调整所需要的时间更长。但随着 4 万亿元投资计划的跟进，重化工业产能将重新扩张，产业结构调整面临较大的不确定性。

从三大需求对经济增长的贡献来看，2009 年上半年在 GDP 增长的三大需求中，最终消费对经济增长的贡献率为 53.4%，拉动 GDP 增长 3.8 个百分点；投资对经济增长的贡献率为 87.6%，拉动 GDP 增长 6.2 个百分点；净出口需求对经济增长的贡献率为－41%，GDP 增长－2.9 个百分点。随着 4 万亿元投资计划和十大产业振兴规划的实施，2009 年下半年到 2010 年，投资仍将是经济增长的主要贡献者，预计对经济增长的贡献率保持在 80%以上；出口需求将稳步回升，将逐步由负增长转为正增长；消费需求将保持稳步加快的增长态势。

3.1.2 经济形势变化和宏观经济政策取向将对环境产生较大影响

（1）从近期看，全球金融危机、经济增速减缓对污染减排工作有利。受全球工业生产萎缩的影响，国内需求、出口贸易下降，许多地区，特别是长三角、珠三角等经济发达地区，很多企业面临生产经营困难。另外，一些基础性工业原材料资源和初级产品，如钢铁等需求在下降，出口降幅进一步加大。进入 2009 年后，我国

工业原料和半成品的出口量急剧下降。其中，2009 年 1—2 月，化肥出口下降 55.4%，煤出口下降 41.6%，焦炭出口下降 93.9%，钢坯及粗锻件出口下降 98.9%，钢材下降 52%，未锻轧铝下降 68.2%。由于国内实体经济也受到一定冲击，国内电力负荷也出现需求连续下降趋势，从这个角度看，近期内，金融危机在客观上对减排有利，资源环境压力在短期内得到一定程度的缓解。

（2）从中长期看，国家 4 万亿元投资计划及十大产业振兴规划的实施及其预定目标“保增长”、“调结构”、“促转型”能否实现等宏观经济政策取向，将对环境产生较大的不确定性影响。如果地方产业发展仍是低水平重复路线、高污染高能耗产能仍旧上马，或者宏观经济形势不好，企业的经营状态、利润水平不高，而环保部门项目审批中面临的压力较大，一旦把关不住，环保可能成为一些地方和企业发展牺牲的第一块内容，中长期可能会产生更加大的污染压力，并对未来可持续发展造成较大的不利影响。

同时，中西部地区因东部产业梯度转移可能承受较大的环保压力。受金融危机影响最大的是珠三角、长三角等经济发达地区那些外贸依存度较高的外向型企业，包括一些国际产业分工链条低端的加工制造、化工业以及一些劳动密集型的资源型产业企业。这些企业是我国出口贸易“资源环境逆差”的主要“贡献者”，这些企业的退出和转型，不仅加大了落后产能淘汰的力度，也在客观上减少了我国产业结构调整和转型的阻力，客观上形成了经济结构调整的有利时机。但是，随着金融危机的蔓延，同时由于劳动力成本上升等因素影响，东部沿海经济发达地区不少行业企业正加速向中西部地区转移。由于西部生态环境总体较敏感、脆弱、恢复能力差，可能这种影响对中西部生态环境造成深层次的扰动。

另外，企业污染治理设施的正常运行风险凸显，环境监管的压力加大。在新的宏观经济政策下，部分地方已出现放松对企业环境监管的现象，企业治污设施投资及运行费用减少。在当前经济形势下，企业为保利润治污设施运行不足的问题日益凸显，达标率有进一步下降的风险，尤其是中小企业治污设施正常运行的压力加大，利润下降导致中小企业治理积极性下降，污染治理设施和减排工程运行不足问题凸显，偷排漏排的现象增加。部分企业已经出现放松环境管理的现象，有的为保生产减少污染治理设施运行费用，有的环保设施时开时停，达标排放难以保证，生产不正常的企业难以保证污染处理设施同步运行。

3.1.3 资源能源消耗与新增污染物压力依然较大

如果 2009—2010 年全国 GDP 增长速度分别为 8%和 8.5%左右，受此影响，各行业资源能源消耗与污染物排放仍然将持续增加，经济发展、资源消耗与污染产生状态尚不稳定，2009—2010 年新增污染物减排压力依然较大。

（1）能源需求居高不下，可再生能源比例将稳步提高。2009 年，能源需求量将达到 29.2 亿 t 标煤左右；2010 年，能源需求量将达到 30.5 亿 t 标煤左右。到 2010 年，煤炭消耗量约为 29.0 亿 t，煤炭消耗占一次能源的比例由 2008 年的 68.7%左右下降到 2010 年的 68%左右。同时，石油、电力、天然气消费量将大大增加。由于可再生能源的大力发展，到 2010 年，可再生能源占整个能源消费的比例将达到 9%左右。

（2）总用水量还将缓慢增长，但增长幅度不大。在农业和工业用水强度逐步下降以及人均生活用水量保持逐步上升的情况下，预测表明，2009 年，总用水量达到 5 925 亿 m^3，比 2008 年增加 1.4%，其中工业用水量为 1 444 亿 m^3，农业用水量为 3 604 亿 m^3，生活用水量为 737 亿 m^3，生态补水量为 140 亿 m^3。2010 年，总用水量将达到 6 009 亿 m^3，比 2009 年增加 1.3%左右。

（3）主要污染物排放量新增量较大，减排任务仍相当艰巨。2008 年，全国 COD 排放量为 1 323.8 万 t，比 2005 年下降了 6.61%。以 2008 年为基期，采用国家统计局最新发布的2008年国民经济和社会发展公报中的数据，2009年和2010年全国GDP分别按照 8%和 8.5%的增速，综合考虑人口和经济增长等因素，在各项环保政策措施到位的情况下，预测 2009 年 COD 新增量将达到 91 万～114 万 t（不同预测方法和系数略有差异，相当于 2008 年排放总量的 6.9%～8.6%），2010 年 COD 新增量将达到 195.4 万～253 万 t（相当于 2008 年排放总量的 14.76%～19.1%）。也就是说，要实现 2010 年 COD 排放比 2005 年减少 10%的目标，在 2008 年基础上，需要后两年将 COD 削减率提高到 18.6%～22.9%，需要新增削减量 246 万～303 万 t。

2008 年全国 SO_2 排放量为 2 321.2 万 t，比 2005 年下降了 8.95%。以 2008 年为基期，采用国家统计局最新发布的 2008 年国民经济和社会发展公报中的数据，2009 年和 2010 年全国 GDP 分别按照 8%和 8.5%的增速，综合考虑人口和其他社会经济，在能耗降低 20%目标实现、新建燃煤电厂脱硫设施建设到位的前提下，预测 2009 年 SO_2 新增量将达到 124.5 万～201 万 t（不同预测方法和系数有差异，相当于 2008 年排放总量的 5.36%～8.7%）；2010 年 SO_2 新增量将达到 267.4 万～444 万 t，相当于 2008 年排放总量的 11.5%～19.1%）。也就是说，在 2008 年基础上，需要后两年将 SO_2 削减率提高到 10.6%～20.3%，需要新增削减量 294.6 万～471 万 t。

3.2 到 2020 年经济社会发展特征

改革开放以来，我国经济社会发展取得了巨大成就。1978—2007 年年均增长 9.8%，2008 年完成国内生产总值 300 760 元，按可比价计算，比上年增长 9%，虽然增长速度低于 1978—2007 年，但与其他国家相比，中国经济增长速度仍保持较快水平。面对未来，中国具有较好的资金、劳动力、技术条件和广阔的国内市场。同时，也面临着世界金融危机影响尚未见底、国际需求大幅萎缩、资源环境压力大、经济发展不平衡、人口老龄化，以及国际政治经济环境不确定因素增加等重大挑战。

受国内外经济调整周期的影响，2011—2020 年中国经济增速将低于前期的预测水平。总体上看，这一时期我国经济仍将处于工业化和城市化“双快速”发展阶段，以住房、汽车为主的居民消费结构升级带动产业结构优化升级，工业化快速发展并带动城市化快速推进。工业占 GDP 比重由 2005 年的 42%上升至 2020 年的 43.3%，重工业比重不断提高，其中能源原材料工业占工业比重在 2020 年左右达到高峰，高加工度制造业比重不断上升，到 2020 年基本实现工业化。城市化率以每年 0.8～1 个百分点的速度快速提高，2020 年城市化水平达到 58%左右。

3.2.1 经济总量特征

（1）2011—2012 年。随着世界经济危机影响减弱，2011—2012 年经济增长重新回到 9%～10%的较快增长区间，GDP 增速约分别为 9%和 9.5%。到 2011 年，GDP 总量将为 38.7 万亿元；到 2012 年，GDP 总量将达到 42.2 万亿元。

（2）2013—2015 年。2013 年之后，中国经济继续保持平稳增长，这期间 GDP 平均增长率在 8.8%左右，到 2015 年，GDP 总量将达到 54.6 万亿元。

（3）2016—2020 年。中国经济继续保持平稳增长，但受环境资源约束、经济增长基数大、产业结构轻型化的影响，这一阶段经济总量年均增长保持在 7%～8%。到 2020 年，GDP 总量将达到 78.9 万亿元。

表 3-1　2011—2020 年经济总量、人口与城镇化率预测结果

指标	年份 单位	2008	2009	2010	2012	2015	2020	“十二五”	“十三五”
GDP	亿元	300 760	324 821	352 431	421 801	546 233	789 278	—	—
GDP 增速	%	9	8	8.5	9.5	8.5	7	9	7.6
人口	亿人	13.28	13.36	13.44	13.60	13.80	14.1	—	—
城镇化率	%	45.7	47	48	50	53	58	—	—
城镇人口	亿人	6.07	6.28	6.45	6.80	7.31	8.18	—	—
农村人口	亿人	7.21	7.08	6.99	6.80	6.49	5.92	—	—

3.2.2 产业结构特征

受需求结构、生产要素结构（劳动力、资本和自然资源）和科技进步等因素的影响，我国产业结构将呈现不断优化升级趋势，第三产业逐步成为经济发展的支柱产业。

从三次产业结构变化看：①我国一产比重呈持续稳步小幅下降态势，一产比重将由 2008 年的 11.3%下降为 2020 年的 5.8%左右。②我国二产比重呈先升后降走势，2015 年二产占 GDP 比重达到 50.1%的高峰值，之后二产比重逐年下降，稳定在 47%～50%。在工业内部，轻工业比重逐步小幅下降，而高加工度制造业比重呈不断上升趋势。③我国三产比重呈稳步上升趋势，三产比重由 2008 年的 40.1%稳步上升至 2020 年的 45.1%，比重不断提高，三产逐步成为拉动经济发展的主导产业。

表 3-2　2008—2020 年三次产业占 GDP 比重变动　　单位：%

产业 \ 年份	2008	2009	2010	2012	2015	2020
第一产业	11.3	10.8	9.8	8.7	6.8	5.8
第二产业	48.6	47.8	48.5	49.2	50.1	49.1
第三产业	40.1	41.4	41.8	42.1	43.1	45.1

表 3-3　2008—2020 年三次产业总值及增速变化预测

年份	第一产业/亿元	增速/%	第二产业/亿元	增速/%	第三产业/亿元	增速/%
2008	34 000	5.5	146 183	9.3	120 487	9.5
2009	35 700	5	158 608	8.5	130 366	8.2
2010	38 601	4.9	184 858	9.3	150 063	8.7
2012	41 502	4.8	211 107	10.0	169 760	9.2
2015	47 497	4.6	274 143	9.1	221 664	9.3
2020	58 908	4.4	412 217	8.5	348 953	9.5

注：三次产业总值为 2008 年价，速度为可比价。

3.2.3 三大需求特征

2009—2020 年，我国经济增长的需求结构将发生较大变化，将逐步由投资、出口拉动为主的需求结构向最终消费拉动为主的需求结构转变，人民群众从经济增长中得到的实惠越来越多。受人口红利增多等因素影响，在 2015 年前我国储蓄率和投资率继续上升，投资率在 2015 年前后达到历史最高水平，并在高位维持到 2020 年，2009—2012 年固定资产投资保持 20% 以上的较快增长。由于 2020 年前，我国劳动力资源相对充裕，“中国制造、供应全球”的国际分工格局将维持到 2030 年左右，受世界经济收缩影响，2009 年进出口增速明显回落，但 2012 年、2015 年和 2020 年我国进出口贸易仍将保持平稳增长。在收入分配制度改革、社会保障日趋完善等因素促进下，2009—2020 年我国消费需求将保持稳步加快的增长态势。2010 年以后，随着人口红利时代的结束，储蓄率下降，最终消费率开始稳步回升，消费需求对经济增长的拉动作用明显超过投资和出口需求，最终消费对经济的贡献率将保持在 50%以上。

表 3-4　三大需求绝对值及增速变化

绝对指标 \ 年份	2008	2009	2010	2012	2015	2020
消费品零售额/亿元	108 488	126 930	159 988	193 046	286 006	504 040
城镇固定资产投资/亿元	148 167	815 259	479 770	144 281	231 082	342 359
进口总额/亿美元	11 330	11 896	14 083	16 270	23 476	39 558
出口总额/亿美元	14 285	15 714	19 194	22 673	33 592	59 200

增速指标＼年份	2008	2009	2010	2012	2015	2020
消费品零售额/%	21.6	16	16.5	17	17.5	18
城镇固定资产投资/%	26.1	25	23	21	17	14
进口总额/%	18.5	5	8	11	13	11
出口总额/%	17.2	10	11.5	13	14	12

注：本表总量和增长速度均为 2008 年价。

3.3 未来环境保护面临的机遇

坚持以人为本，落实科学发展观是环境保护工作的基本出发点和理论基础；统筹人与自然和谐发展、建设生态文明已成为我国经济社会发展的主要目标之一，为环境保护工作提供了新的历史机遇；建设资源节约型和环境友好型社会、积极探索环境保护新道路为做好环境保护工作开辟了重要途径；综合国力增强、需求结构的变化为环境保护工作奠定了重要基础。

3.3.1 综合国力日益提高，为环境保护提供财力保障

围绕着全面贯彻落实科学发展观，加快推进和深化各项改革，积极扩大对外开放，不断加强和改善宏观调控，切实转变经济发展方式，经济社会发展取得了举世瞩目的成就，综合国力明显增强，国际地位显著提高。特别是近 5 年来，我国经济不仅增长速度快，而且持续的时间长、稳定性好，经济总量和人均水平均实现了大跨越。2003 年我国国内生产总值 135 822 亿元，位居世界第六，2005—2006 年国内生产总值达到 2 万亿元左右，超过英国和法国，在世界上的位次也由第六位跃居第四位，2008 年国内生产总值达到 300 670 亿元，超过德国，世界排名第三。人均国民收入也步入了中等收入国家行列，2002 年我国人均国民总收入首次超过 1 000 美元，2006 年又超过 2 000 美元，达到 2 010 美元，2007 年达到 2 500 美元，2008 年已达到 3 000 美元，按照世界银行的划分标准，我国已经由低收入国家步入了中等收入国家的行列，我国在向全面建设小康社会的进程中又迈出了坚实的一步。另据预测，到 2020 年中国 GDP 总量将在 2000 年的基础上翻两番，基本完成工业化，中国综合国力进入世界前三名的行列。中国综合国力的日益提高，必将为环境保护提供强大的财力保障，环境保护投资占 GDP 的比例将会进一步提高，从而有利于缓解我国长期以来环保投资不足的局面。

3.3.2 三大需求结构变化，有利于环境保护压力缓解

扩大内需战略的实施和最终消费需求的由外向内的调整总体上有利于环境保护。居民消费除波动较小外，虽然也消耗能源和造成污染，但均远远低于生产和投资。如 2007 年生活能源消费比上年增长 5.5%，增幅比能源消费总量低 2.3 个百分

点，比工业能源消费量低 2.3 个百分点，规模占能源消费总量的 10.1%，仅相当于工业能源消费量的 14.1%。但长期以来，我国消费率偏低，影响经济运行的稳定性和环境保护。2000 年以来，我国最终消费率逐年下降，到 2007 年为 48.8%，比 1981 年和 2000 年分别低 18.3 个和 13.5 个百分点。2008 年，社会消费品零售总额虽增长较快，但也仅比上年增长 21.6%。因而，未来一段时间，要通过明显提高居民收入等办法，刺激消费特别是居民最终消费，以减少投资率过高造成的环境污染。

3.3.3 经济结构调整不断优化，有利于节能减排的深入推进

当前，随着我国工业化、城市化的快速发展以及人口的不断增长，现有的资源和能源供给几乎不可能继续满足传统经济发展模式下未来 20 年国民经济翻两番的高速发展要求，我国经济正面临着资源、环境和市场的三重压力。要解决这一问题，就必须改变社会经济发展模式，调整经济结构，建立“两型”社会。过去几年，在经济迅速发展的同时，国家加大了传统产业的结构调整力度，关闭了一批技术落后、浪费资源、产品质量低劣和污染严重的企业，对纺织、冶金、建材、机电、轻工等部分行业过剩生产能力进行了压缩，钢铁制造、石油化工等在内的一大批传统产业的技术装备水平有了较大提高，新兴产业得到了较快的发展。2005 年以来，中央政府对节能减排工作给予了高度重视，制定和出台了一系列节能减排的工程措施、产业结构调整措施和管理措施，特别是淘汰落后产能、技术创新力度的加大，有力地促进了节能减排。到 2015 年，经济结构调整的不断深化和节能减排监测、执法、考核、技术等体系的建立，必将为建立资源消耗低、环境污染少、经济效益好的国民经济体系和资源节约型、环境友好型社会奠定更加坚实的基础。

3.3.4 社会主义市场经济和管理体制逐步健全，有利于环保手段的完善

党的十六大明确提出要建成完善的社会主义市场经济体制和更具活力、更加开放的经济体系。党的十七大提出要加快形成统一开放、竞争有序的现代市场体系，发展各类生产要素市场，完善反映市场供求关系、资源稀缺程度、环境损害成本的生产要素和资源价格形成机制。社会主义市场经济体制的完善和现代市场体系的形成，必然要求改革以往社会主义国家高度集中的政府管理体制，使政府管理机构、职能等发生重大变化。同时要求政府决策科学化、民主化，要求政府行为提高到一个新的水平、新的高度。要求政府更新政策观念，树立市场经济意识，增强价值、效益、效率等观念，搞好“规划、协调、服务和监督”。

社会主义市场经济体制的健全和环保行政管理体制改革的推进，对环境保护工作来说，必然要求强化环境保护的监督管理职能和参与宏观决策、统筹协调的职能，特别是健全和完善我国的环境法规体系是非常重要的；要求强化环境规划的宏观调控功能，制定环境保护发展战略，制定各级环境规划，进行宏观调控和强化环境管理，使经济与环境持续协调发展；要求发挥环境科学技术的导向、服务功能；要求建立和完善环境保护经济激励机制，采取经济手段；要求充分发挥统计信息的作用，

进一步提高全民族的环境意识。因此，随着社会主义市场经济体制进一步完善，市场在国家宏观调控下对资源配置的基础性作用将更好地发挥，这必将为我国环境保护工作提供更好的宏观环境和手段。

3.3.5 环境意识普遍提高，有利于推动环保工作深入开展

公众环境意识是衡量一个国家或地区环境保护水平的最重要标志之一。近 200 年来，世界各国的环保实践表明，环境保护和环境可持续发展的根本动力在于环境保护的全民参与，而全民参与的基础则是公众环境意识的普遍提高。只有环境意识提高，人们才能对环境质量与生活质量有同样的要求，从而社会的价值观念、政府的决策行为、企业的生产行为以及公民的消费行为等才能一致向环境保护方面倾斜。

中国是世界上最大的发展中国家，面临着非常艰巨的环境保护任务，其公众的环境意识如何，公众参与情况如何，将决定中国环境保护的未来走向，也是中央政府及其地方政府制定有关政策法规的重要基础。自 1990 年代中期以来，我国各级政府部门、企事业单位及有关民间组织等对我国公众环境意识的状况作了很多调查，并对我国的环境意识状况进行了深入的分析。结果表明，随着人民生活的不断改善，公众环境意识得到了明显的提高，有相当一部分被调查者的环境意识具有较强的自主性，对政府的依赖性逐渐淡化，这对于公众自觉提高环境意识和自觉参与环保活动具有重要的意义，也有利于政府环保活动的深入开展。

3.4 未来环境保护面临的压力与挑战

未来一段时期，我国将基本完成工业化、城市化和农村现代化，到 2020 年，我国 GDP 总量将达到 79 万亿元，人均 GDP 将超过 7 800 美元，城市化率将达到 58%，人口总量将超过 14.1 亿，能源消耗将超过 40 亿 t 标煤。在工业化和城市化仍将处于加快发展，经济结构调整的效应和粗放型经济增长方式的根本转变还需要较长时间，环境容量相对不足、环境风险不断加大、环境问题日趋复杂的情况下，我国未来的环境压力将继续加大。

3.4.1 经济快速发展与产业结构升级缓慢，环境风险仍然较大

受金融危机影响，我国经济在经历 2008—2009 年的调整期后，仍将处于工业化和城市化“双快速”发展阶段，仍存在高发展速度的可能。以住房、汽车为主的居民消费结构升级带动产业结构优化升级，工业化快速发展带动城市化快速推进。经济总量仍将快速增长，工业尤其是重工业占国内生产总值的比重还不断提高。未来 5～10 年，黑色金属冶炼、有色金属冶炼行业增长速度将在 6%～10%，与国内生产总值增速相当；由于需求上升，石油加工业与冶炼、煤炭、化工、建材等行业增长速度也将略高于国内生产总值增速，重化工业在工业发展中的比重还将上升，重

化工业化特征仍十分明显。无论是水污染排放、大气污染排放还是固体废弃物排放，都主要集中在电力、钢铁、有色金属、化工、建材、造纸、纺织等少数几个高耗能、高污染行业，结构性污染特征仍十分明显。

同时，我国中小企业、非国有企业的数量庞大，占了绝大多数。据统计，2007年，我国中小型企业单位数占总的企业单位数的99.14%、工业产值占工业总产值的65.24%。由于这些中小企业经营分散，规模小、档次低、工艺落后，环保意识低，社会责任感不强，污染治理投入不足，污染治理技术落后，环境管理水平低。加上长期以来，政府部门放松了对这些小企业的环境管理，环境政策和监管不到位，使得这些小的落后企业，浪费资源、污染环境的问题相当突出，是当前环境污染的主要"贡献者"。近年来，尽管随着节能减排力度的不断加大，淘汰落后产能，"上大压小"，限期治理，提高清洁生产技术水平等政策和手段的实施，有力地促进了中小企业和非国有企业的污染防治，但未来污染防治任务仍十分艰巨，特别是钢铁、纺织、造纸、建材等一些小企业、乡镇私营企业分散经营，监管任务仍十分繁重。

由此可见，由于未来我国经济社会的快速发展，产业结构性污染特征仍十分突出等问题，将对我国资源和环境发展带来极大的挑战，必须防患于未然，在扩大内需的同时，必须促进调结构、上水平，努力转变增长方式。

3.4.2 资源能源问题突出，对生态环境的压力仍然较大

过去的几十年，中国人口与资源、经济增长与资源供需矛盾越来越突出，建立资源节约型社会越来越紧迫。不仅如此，中国的上述矛盾已经深刻地影响了全世界的资源和发展。中国正处在社会主义发展的初级阶段，工业化发展的起步阶段，部分资源的使用方式不当和多数资源的利用效率低下，不仅造成资源巨大浪费，同时产生一系列严重的生态环境问题。

（1）水资源总量不足，利用效率仍较低。我国水资源总量不足，属缺水型国家。受地理环境和气候条件的影响，占国土总面积 63.5%的长江以北地区的水资源相当紧张，地表水、地下水仅分别为全国总量的 19%和 32.2%。占国土总面积 36.5%的长江以南地区地表水、地下水虽分别为全国总量的 81%和 67.7%，但由于各行各业需求量逐年飙升，不少地方也出现资源性缺水。据预测，在农业和工业用水强度逐步下降情况下，我国用水量仍将持续上升，2010 年总用水量将为 6 009 亿 m^3，到 2020 年到达高峰值，总用水量达到 6 830 亿 m^3，比 2008 年增加 17.0%，预计缺水量将达到 500 亿～700 亿 m^3。目前，我国用水浪费现象也普遍存在，全国农田灌溉水利用系数为 0.4 左右，而先进国家为 0.7～0.8，相差近一倍；工业用水的重复利用率为 30%～0，而发达国家为 75%～5%。

（2）能源利用效率较低，能源需求仍居高不下。改革开放以来，我国在能源利用效率方面取得了较大的进展，万元 GDP 能耗由 1991 年的 5.32 t 标煤下降到 2008 年的 1.102 t 标煤。但我国的能源利用效率与国外相比仍存在较大差距，包括大型合

成氨综合能耗、火电供电煤耗、铜冶炼综合能耗等在内 8 个高耗能行业主要产品的单位能耗比国际先进水平平均高 40%。由于我国重化工业比重未来仍较高，使得能源消费增长速度大大超过 GDP 的增长速度，能源供需矛盾日益突出。预测表明，2010 年，我国能源需求量将达到 30.5 亿 t 标煤左右；2015 年，能源需求量将会达到 36.4 亿 t 标煤左右；2020 年，能源需求量将会达到 39.4 亿 t 标煤左右。2020 年前后，将是我国能源消耗总量顶峰时期。

（3）我国土地资源质量不高，土地退化严重。中下等耕地比例约占 59%，退化草地面积比例超过 90%，37%的国土面积经受土壤侵蚀和荒漠化。山地多平原少，山地高差起伏大、坡度陡、土层薄，旱地绝大多数为坡地与风沙地，耕种极易造成水土流失。随着工业化、城市化发展及农业结构调整，耕地大量流失、浪费严重。由于耕地面积小（占国土面积的 10.4%）与增加粮食产量的矛盾，倾向于大量使用化肥、农药，造成严重的土壤污染和耕地质量下降。全国遭受工业“三废”污染的农田达 700 万 hm^2，使粮食每年减产 100 亿 kg，并潜伏着严峻的农产品质量危机。

（4）矿产资源的综合利用水平低，矿区的生态问题严重。我国共（伴）生矿产资源综合利用率不足 20%，矿产资源总回收率约 30%，而国外先进水平均在 50%以上。由于对我国的资源情况缺乏正确的认识，长期以来对矿业采取了粗放式经营，盲目开采，对于共（伴）生矿物不利用或利用率很低，采富弃贫的现象十分普遍。更为严重的是，一些小企业无证违规经营，进行破坏性开采，导致了严重的资源浪费和生态环境问题。

3.4.3 污染减排将进入敏感时期，污染防治任务十分艰巨

（1）废水排放量呈上升趋势，治理任务仍相当艰巨。在现有废水处理水平正常提高情景下，废水排放量将由 2007 年（工业和城镇生活合计）的 556.8 亿 t 上升到 2010 年的 594.8 亿 t，2015 年达到 658.02 亿 t，到 2020 年达到 749.7 亿 t，比 2007 年增长约 34.6%。其中，工业和城镇生活均呈上升趋势。因此，仍需对工业废水处理与城镇生活污水处理引起高度重视，采取更有力的措施。

（2）主要水污染物排放量总体呈上升趋势。从 COD 排放量来看。方案一：假设 2010 年 COD 能达到“十一五”控制目标，即到 2010 年，COD 排放量（工业+城镇生活）为 1 273 万 t，如保持现有（2010 年）处理水平 62%不变，则到 2015 年，COD 排放量为 1 546 万 t，比 2010 年新增约 273 万 t（其中工业约新增 123 万 t，生活约新增 150 万 t）。方案二：假设在现有（2010 年）处理水平正常提高下，则到 2015 年，COD 排放量为 1 424 万 t；而到 2020 年，COD 排放量上升为 1 457 万 t。方案三：假设进一步采取措施，大幅提高 COD 去除率，2015 年和 2020 年 COD 平均去除率需分别达到 71.8%和 78.8%，则 COD 排放量到 2015 年和 2020 年，达到理想控制目标的 1 145 万 t 和 1 031 万 t，比 2010 年降低 10%和 19%。

从氨氮排放量来看，方案一：假设 2010 年氨氮减排率与 COD 相同，即到 2010 年，氨氮排放量（工业+城镇生活）为 135 万 t，如保持现有（2010 年）处理水平 41.5%

不变，即到2010年，氨氮排放量为135万t，则到2015年，氨氮排放量为156万t，比2010年增加约21万t。方案二：在现有处理水平正常提高下，则到2015年，氨氮排放量为133万t；而到2020年，氨氮排放量上升为139万t。方案三：假设进一步采取措施，大幅提高氨氮去除率，到2015年和2020年氨氮平均去除率需分别达到54.4%和64.6%，到2015年和2020年，氨氮排放量达到理想控制目标的121万t和109万t，比2010年基数削减10.4%、19.3%。

从总磷（TP）和总氮（TN）排放量来看，由于处理技术水平的提高，两者排放量总体呈现下降趋势。到2015年TP和TN排放量分别为126万t和689万t；到2020年分别为116万t和639万t。从排放结构和贡献率来看，由于施用化肥的变化，农业TP和TN排放量将逐步降低，贡献率也逐步下降。由于城镇生活污水排放量的增加，使得城镇生活的TP和TN排放量居高不下，占整个排放量的贡献率呈现上升趋势。因此，控制TP和TN的污染，除了需加强农业面源污染防治外，还需大力加强城镇生活污水的处理。

（3）SO_2排放量趋于稳定，但新增排放量仍然较大。方案一：假设2010年SO_2比2005年削减11.7%，SO_2排放量为2 250万t（2009年实现控制目标，2010年继续适度削减），其中电力为950万t，如保持SO_2处理水平不变（电力行业SO_2去除率为58.3%，其他行业为50.8%），则到2015年，SO_2排放量为2 456万t，在2010年基础上新增206万t左右。方案二：在现有处理水平正常提高下，SO_2排放量将有所下降，但排放量仍然较大。到2015年，SO_2排放量为2 290万t；而到2020年，SO_2排放量下降为2 059万t。方案三：假设进一步采取措施，大幅提高SO_2去除率，2015年和2020年，电力行业SO_2去除率需分别达到63.1%和63.5%，其他行业SO_2去除率需分别达到61.3%和64.8%，预测到2015年和2020年，SO_2排放量达到理想控制目标的2 025万t和1 822万t，比2010年分别削减10%、19%。

（4）NO_x排放量呈增长态势，面临新的减排压力。由于能源消费增加和机动车保有量的上升，NO_x产生量大大增加，如在现有处理水平正常提高情况下，NO_x排放量仍呈增加趋势。到2010年，NO_x排放量将为1 869万t；到2015年，NO_x排放量将达到1 890万t；到2020年，NO_x排放量达到1 918万t，减排压力十分巨大。从行业来看，NO_x排放量主要集中在电力行业和交通运输业（机动车），这两大行业的NO_x排放量占全国排放总量的70%以上，需要切实采取措施加强控制。

（5）CO_2排放量逐年增加，控制任务十分艰巨。预计到2010年、2015年和2020年，全国人均CO_2排放量将分别达到3.4 t、3.7 t和4.0 t。尽管人均CO_2排放量低于世界平均水平，更远低于一些发达国家的水平，但CO_2排放总量却很大，并逐年增加。从行业预测结果来看，CO_2排放量最大的行业是电力行业，占整个CO_2排放量的40%以上；其次是化学工业、交通运输业、黑色金属冶炼及压延加工业、其他非金属矿物制品业，居民生活CO_2排放量也不容忽视。以上这些行业和居民生活的CO_2排放量占到了整个CO_2排放量的85%以上，需要重点加强控制。

（6）城镇生活垃圾产生量持续增加，处理处置面临较大压力。随着我国城镇人口的快速增长和人均生活垃圾产生量的不断增加，城镇生活垃圾的产生量将快速增长，到 2010 年、2015 年和 2020 年城镇生活垃圾产生量将分别达到 23 542 万 t、29 349 万 t 和 35 828 万 t，分别是 2007 年的 1.14 倍、1.42 倍和 1.74 倍。因此，在未来 10 多年的时间里加大城镇生活垃圾基础治理设施的建设投入、提高城镇生活垃圾的处理率，特别是无害化处理率是环境保护工作的一项重要任务。

（7）生态保护所面临的形势仍然十分严峻。我国自然生态系统本底脆弱，在人为活动持续干扰下，生态退化的面积不断扩大，水土流失、沙漠化等生态问题突出，江河断流频繁发生，水生态失衡，遗传资源和物种丧失的压力加大，外来物种入侵在东部与西部地区的威胁在加重，转基因生物安全问题也呈加重趋势。局部生态问题有所缓和，区域、流域生态破坏在加剧；原有的生态问题略有好转，新的生态问题不断涌现；单项生态问题有所控制，系统性生态问题更加突出；显性的生态问题向隐性的生态问题转变。从总体上看，生态系统呈现由结构性破坏向功能性紊乱演变的发展态势，局部地区生态退化的现象有所缓和，但生态退化的实质没有改变，生态退化的趋势在加剧，生态系统更不稳定，生态服务功能持续下降，生态灾害在加重，生态问题更加复杂化。

（8）新的环境问题日益凸显。①生物技术对生态环境的影响具有很大的不确定性，一些新的生物物种和转基因农作物对生物安全、食品安全和生态环境安全存在风险；②科学技术的快速发展导致和促进了大量的新化学物质的合成，而有些化学物质可能成为自然系统中新的持久性有机污染物（POPs），反过来对人类健康和自然生态平衡构成威胁；③随着现代信息技术的发展，产生大量的“现代垃圾”和电磁污染，如处置不当，对水环境和土壤环境造成新的危害；④随着经济的发展和机动车保有量的快速增长，流动源污染越来越严重；⑤由于现有的大气污染防治技术和管理政策还停留在对总悬浮颗粒物的控制上，现有的除尘技术并不能有效控制细颗粒污染物的问题，使得 PM_{10} 或 $PM_{2.5}$ 等细颗粒物污染问题严重。

3.4.4 城市化、农村现代化进程加速及消费转型使环境负荷不断加重

（1）城镇化环境问题。随着中国经济发展不断进步，城镇化水平也在不断提高。中国城镇化率由 1978 年的 17.9%上升到 2007 年的 44.9%，上升了 27.0 个百分点，年平均上升 0.9 个百分点。1996—2005 年我国城市化率年均提高 1.44%。据预测，今后一段时间，我国城镇化水平将保持在每年提高 1 个百分点左右的水平上，到 2010 年，我国城镇化率将达到 48%，城镇人口将达到 6.45 亿；到 2015 年，我国城镇化率将达到 53%，城镇人口将达到 7.31 亿，城镇人口将首次超过农村人口；到 2020 年城镇化率达到 58%，城镇人口将达到 8.18 亿，城镇人口是农村人口的 1.4 倍左右。与此同时，我国城镇化水平在东、中、西部地区极不均衡，东部地区城镇化水平远远高于西部地区。由于城镇化率不断上升，带来了水体污染、机动车污染、土壤污染、生态失衡等一系列城市环境问题，并且呈现出不断加剧的迹象。预计未来 10 年，城市大气污染暴露人口（PEP）将达 4 亿多，而且主要集中在中小城镇地区。

到 2020 年，城市生活污水和垃圾产生量将比 2000 年分别增长约 1.3 倍和 2 倍。在绝大部分中小城市和城镇的基础设施建设严重滞后的情况下，届时未经处理直接排放的城市污水量仍略高于目前水平。生活污水排放将会严重影响城市河流的水质和城市水生态环境，城市垃圾如果不能得到有效的处置，也严重影响地下水、土壤以及整个城市的生态环境。

（2）消费转型环境问题。随着扩大内需战略的实施，国民收入分配结构将得到优化，居民收入和生活保障水平将得到进一步提高，消费需求将进一步增加，由于消费转型和人口增加带来的新的环境问题将进一步加大。据预测，到 2020 年，我国人口将达到 14.1 亿左右，比合理人口承载能力多了 1 倍。由于人口的增长，人民生活水平的提高，人均生活消费能源的提高，使得整个居民生活用能逐年增长。到 2010 年居民生活用能为 2.4 亿 t 标煤，到 2020 年居民生活用能达到 3 亿 t 标煤。同时，随着我国城镇人口的快速增长和人均生活垃圾产生量的不断增加，在未来 10 多年的时间里加大城镇生活垃圾治理设施的建设投入、提高城镇生活垃圾的处理率，特别是无害化处理率是环境保护工作的一项重要任务。此外，未来 10 年乃至更长一段时间，高档耐用工业产品、肉蛋奶等畜禽产品的消费总量不断增加，电器、房屋以及汽车等家用消费品的增长速度还要加快。废旧家用电器、建筑废弃材料、报废汽车和轮胎等的回收和安全处置将成为未来 10 年乃至更长一段时间内一个重要的环境问题。

（3）农业和农村现代化环境压力。我国是一个农业大国，农村环境保护对于我国乃至全球的环境安全至关重要。近年来，我国农业和农村的环境保护问题日益凸显。随着党中央、国务院对“三农”问题的进一步重视，农村和农业现代化将进一步加快。若 GDP 在 2011—2015 年内按 9%的速率增长，农业增加值按约 4.9%速率增长。预计 2015 年全国第一产业增加值将达 47 497 亿元，考虑到城镇化率增长，农村人口 2015 年为 6.49 亿人左右。随农村人口的缓慢减少，生活源排放也将有所下降，在播种面积变化幅度不大的情况下，化肥使用量的逐年提升使种植业的污染物产生量也随之提高，养殖业若能使用规模化养殖，则单位牲畜的排污强度将大大降低，但随着养殖业产值的提高，污染物产生总量仍会逐年上升，面源污染问题将日益严重。总之，随着农村和农业现代化的进一步发展，我国农村环境问题仍将十分严峻。

3.4.5 区域发展不平衡造成的环境问题仍十分突出

我国是一个发展中国家，地域广大，人口众多，地区经济社会发展水平差距大，地区地理自然条件差距大。当前，我国正处于经济快速增长的发展阶段，经济增长过度依赖于资源环境的消耗，并处于经济发展与资源环境矛盾激化的关键时期。各地区在科学发展观和促进区域协调发展战略的指引下，更加重视以人为本，改善民生，更加注重生态建设和环境保护，促进人与自然和谐相处，“不要污染的 GDP”、“要经济增长，更要青山绿水”已逐步成为全社会的共识。这使得我国区域经济发展整体呈现增长较快、布局改善、结构优化、协调性增强的良好态势，但同时也出现了一些值得高度关注的重大问题，尤其是区域发展绝对差距仍然较大，不平衡问题仍然十分突出，贫困问题十分严重。贫困引致生态环境恶化，使这些区域资源环境问题日益突出，对我国环境保护提出严峻挑战。

长期以来，我国在推进工业化和城市化过程中，较少在宏观决策和整体规划上考虑环境与资源因素，带来了潜在而深远的环境影响。自 2005 年年底松花江污染事件以来，广东北江、湖南湘江等江河水域接连发生重大水污染事件，对公众健康、社会稳定、经济发展甚至外交局势造成重大影响。这些事故已不仅仅是个别企业的过失问题，而是涉及产业布局是否合理、产业结构是否平衡等产业空间布局问题，特别对江河水域的产业布局而言，更是如此，产业相似性程度高，重复建设严重。产业结构的高度相似性带来低层次上的重复建设和过度竞争，增加环境污染负荷和治理难度。从全国范围来看，产业结构相似度高的问题无论在东部、中部还是西部都很普遍。其结果是使资源配置失调、流失加大，资源和环境压力加重，同时由于企业难以聚集，只能分散治理污染，难以形成规模效应进行区域环境综合整治。

同时，由于我国区域之间发展不平衡，导致发达地区一些污染严重的产业向欠发达地区转移，由此造成经济欠发达地区生态环境破坏有加重趋势，而且这一问题越来越严重。经济发达地区经历了大规模发展时期，在获得巨大的经济成果的同时，也品尝到了环境污染的苦果。伴随着产业结构调整和产业升级，普遍制定并实施了较为严格的环境政策和措施，产能落后的污染企业逐步失去了生存空间。在经济落后地区，发展的要求和愿望依然强烈，与所处的发展阶段相适应，在引进资本和产业方面相对宽容。再加上政绩观的推动，使得在发达地区难以生存的高污染企业在这里找到新的机会。近年来，产业转移呈现一些新的特征，许多污染企业从城市向农村搬迁的现象日益严重，使得城市产业的每次升级都伴随着农村工业的立即跃进，如果这些搬迁企业不能很好地结合技术升级，这种做法在减轻城市环境污染的同时，只能造成新的农村污染。

3.4.6 环境监管能力薄弱，“三大体系”建设仍需加强

我国日益严重的生态环境问题与环境管理能力和环境管理手段的落后有很大关系。总体而言，我国环境管理能力和环境管理手段还有所欠缺，地区之间、行业之间环境管理能力和管理手段差距较大，环境监测、环境执法、环境考核、环境统计、环境信息系统建设等管理手段落后的问题越来越突出。

环境执法方面的另一个问题是执法能力弱，环境监测手段落后，环境考核体系不完善，水平不高，不适应环境管理的需求。特别是西部地区，环境监测、调查取证、污染事故预警和应急反应等手段远远不能达到依法行政的要求。此外，企业环境行为信息公开和公众参与机制尚未健全，公众直接参与环境执法监督的渠道不畅、能力不强。因此，我国环境管理能力，特别是环境“监测、监察和考核”三大

体系建设仍需加强。

3.4.7 全球呼声持续高涨，环境保护面临严峻挑战

进入 21 世纪，水资源紧缺、生物多样性减少、臭氧层破坏、温室气体排放、全球气候变化等全球性环境问题日益突出，各国将对此更加关注。当今，全球环境保护已呈现国际制度化趋势，一些发达国家试图通过国际制度安排，如环境公约，议定书或协定，来约束发展中国家的发展空间。我国在积极参与经济全球化的进程中，也面临着日益严峻的环境挑战。

中国是典型的出口导向型国家。投资、出口和消费被誉为拉动经济增长的“三驾马车”，近 20 年来，出口作为一个主要经济增长点支撑着中国经济的快速发展。10 年前，中国出口额占 GDP 的比重为 19%，而目前已增加到 38%，而居民消费率 2007 年仅为 35.4%，比发达国家低了 30 个百分点，也是改革开放 30 年来的最低点，比历史最高水平 1985 年的 52%低了约 17 个百分点。若以国际通行的外贸依存度来分析，中国进出口总额占 GDP 的比重已超过 70%，对外贸易依存度达到惊人的程度。虽然日美两国都是全方位开放的经济，但对外贸易依存度都远远小于中国（美国在 1990 年这一比例为 20%，日本为 25%）。

以出口为导向的外向型经济有客观的必然性，对于增加就业，出口创汇，引进先进技术和管理发挥了重要的作用。但是对外贸易依存度过高也造成了一系列的问题。我国出口主要以初级产品和中低端制造业为主，加之粗放型的经济发展模式，能源资源的消耗比较高，长期“大进大出”的粗放型贸易增长方式成为拉动经济发展的主要动力，给我国资源环境带来巨大压力，导致对外贸易量顺差，但资源环境却产生“逆差”，对内破坏生态环境，对外影响国际环境形象。据研究测算，2002—2006 年，我国出口贸易的总能源消费约占总能源消费量的 40%，出口贸易造成的水资源消耗约占水资源消耗总量的 20%，出口贸易造成的大气污染物排放约占大气污染物排放总量的 27%，出口贸易造成的水污染物排放约占水污染物排放总量 15%～20%，出口贸易导致的污染经济损失占我国环境污染经济损失的比例在 17%～19%。

在环境履约方面，我国面临着严峻的挑战。我国是一个环境大国，SO_2 和消耗臭氧层物质（ODS）排放量居世界第一；CO_2 排放量已居世界首位，国际压力越来越大。我国与周边国家在污染越境转移、跨界河流污染、野生动物越境保护等方面，都可能成为外交摩擦的隐患。国际经贸领域日益严格的“绿色壁垒”，将增加我国对外贸易和环保工作的难度。一些发达国家不顾历史和他国国情，以保护全球环境为由，强压发展中国家承诺其难以做到的环境条约。目前，我国已签署和批准了 30 多项国际环境公约，履约任务十分繁重。

总之，上述压力的共同作用，将使得我国环境问题变得更为复杂和不确定：污染物介质从大气和水为主向大气、水和土壤 3 种污染介质共存转变，污染物来源由单纯的工业点源污染向工业点源污染和农村、生活面源污染并存转变，污染

物类型从常规污染物向常规污染和新型污染物的复合型转变，污染范围从以城市和局部地区为主向涵盖区域、流域和全球尺度转变。日益严重而又复杂的环境问题，将制约经济和社会发展，危害群众健康，危及公共安全和社会和谐，阻碍全面建设小康社会目标的实现，我们必须给予高度重视，未雨绸缪，不断探索新的解决方法和途径。

第4章
工业污染全防全控

4.1 工业污染防治进展

“十一五”以来，我国环境保护工作成果显著，作为环境保护的重点，我国工业污染防治通过产业结构调整、发展循环经济、推行清洁生产、加强环境监管等措施工作取得了积极的进展。

主要工业污染物总量减排取得重大突破，2007 年全国工业化学需氧量、SO_2 排放量开始出现双下降，分别比 2005 年降低 7.9%和 1.3%。2008 年，全国工业化学需氧量排放量为 457.6 万 t，SO_2 排放量为 1 991.3 万 t，与 2005 年相比，分别下降 17.5%和 8.2%。

工业污染物排放强度明显下降，2007 年，单位 GDP 工业化学需氧量和 SO_2 排放量分别为 2.0 kg/万元和 9.3 kg/万元，分别比 2005 年下降 34.4%和 21.8%；能源消耗强度开始降低，2006 年，全国万元 GDP 能耗为 1.2 t 标煤，比 2005 年下降 1.33%，这是自 2003 年以来单位 GDP 能耗首次下降。单位 GDP 能耗下降主要是归功于工业能源利用效率提高。2008 年，单位 GDP 能耗和单位工业增加值能耗（均以标煤计）分别为 1.1t/万元和 2.2t/万元，分别比 2005 年降低 9.8%和 15.5%；工业用水重复利用率和工业固体废弃物综合利用率继续稳步提高，2007 年分别达到 82.0%和 62.1%，分别比 2005 年提高 9.2%和 10.7%。2008 年工业固体废弃物综合利用率达到 64.9%，比 2005 年提高 15.7%。

4.2 存在的主要问题

4.2.1 粗放型的经济增长方式尚未根本改变，产业结构不合理

受发展阶段等因素制约，我国经济社会发展方式短期内难以根本改变。传统工业向生态工业转型需要一个长期的过程，目前工业污染防治所面临的形势依然严峻，主要原因在于我国多数企业尚未从根本上摆脱粗放经营方式，结构不合理，技术装备落后，能源原材料消耗高、浪费大，资源利用率低。高投入、高消耗、高污染、低效益“三高一低”的经济发展模式尚未根本改变，落后的工艺、装备和技术等仍占有较大比例。

1990 年代中期以来，我国国内生产总值构成中第二产业比重过大。自 1995 年后，第二产业基本在 45%以上，大于第一产业与第三产业，工业基本在 40%以上。2007 年，我国第二产业增加值占国内生产总值的 48.6%，其中，工业增加值占到 43%。与主要工业发达国家国民经济结构已以第三产业为主不同，我国第二产业比重高于世界、发展中国家平均和印度，而且第二产业中工业占国内生产总值的比例还在不断提高，使得我国工业环境污染处于相对严重阶段。

4.2.2 单纯“末端治理”的工业污染防治模式尚未根本改变

现行的工业污染防治仍然侧重于末端治理，忽视源头和全过程控制，投入大、运行成本高，且污染治理往往不够彻底、资源化程度低。

清洁生产是工业污染防治的最佳途径之一，其强调“预防为主”、全过程控制的思想，与传统的工业污染防治模式有着根本的区别，推行清洁生产是促进工业污染防治从单纯的“末端治理”向污染预防转变的必由之路，但目前对清洁生产的认识和重视程度有待提高。清洁生产审核是清洁生产的基础和保障，我国目前的清洁生产审核以强制性为主，自愿性审核很少。就强制性清洁生产审核而言，尽管近年来我国的强制性清洁生产审核得到了加强，但仍存在认识不足、缺乏市场调节机制、审核效果不连续等突出的问题。

4.2.3 工业污染防治技术相对落后

我国的工业污染防治技术，现在相当于工业化国家 1970 年代中期水平，个别技术达到 1980 年代初的水平，极个别的技术接近国际先进水平，总体上比工业化国家大约要落后 20 年。

工业废水污染防治技术方面，我国与国外先进水平存在相当的差距，主要表现在：我国在工业水污染区域防治上相对落后；国内行之有效的三级废水处理技术水平有待提高；国内高浓度及难生物降解废水处理新技术未得到很好的解决；水处理剂产业发展滞后；污水回用水平低；生物化工技术的开发应用进展缓慢等。工业废气污染防治技术方面，通过技术引进和自主研发，我国在脱硫、NO_x 排放控制技术以及除尘方面取得了一定的进展，但许多关键技术仍不成熟。在有机废气、恶臭处理，机动车尾气净化等方面技术比较薄弱。工业固体废弃物处理、综合利用技术开发应用少，技术水平较低，有些项目未经专门的环境影响评估，存在二次污染的潜在危害，还有许多尚待填补的技术空白，技术设备落后等。我国工业固体废弃物综合利用方式，目前主要有筑路、代替部分原料、用做肥料、外售、用做燃料、回收 6 种，没有充分利用其中含有的各种资源，做到固体废弃物多用途、高价值的利用。

4.2.4 环境经济手段有待完善

近几年来，环境保护部门积极主动联合有关经济部门，陆续实施了绿色信贷、绿色保险、绿色证券、绿色贸易、排污权交易等一系列有利于工业污染防治的环境经济政策。目前，这些环境经济政策的推行仍处于探索阶段，由于在探索与实践过程中所涉及的利益主体越来越多，推行起来遇到了各种各样的困难。

环境经济政策的实施过程中突出表现出相关配套政策措施缺位、企业认识不足以及部门间合作欠缺等问题。环境经济政策在工业污染防治中的作用还很有限，需要进一步完善，而整个环境经济政策体系的建成，还有大量的工作要做。

4.2.5 缺乏长效监管措施

长期以来形成的错误的“政绩观”仍然是一些地方工业污染防治的一大挑战，“地方保护主义”仍然存在，地方政府为了解决财政收支平衡问题，依靠众多的小企业增加地方财政收入，在治理资源密集型污染严重的小企业时往往难以下定决心，环保部门严格、公正的执法环境受到一些政府领导不同程度的干扰。环保执法、监督工作薄弱，缺乏有效的监测技术手段和惩治违法企业的有力措施，特别是污染物连续在线监测十分薄弱，个别还有弄虚作假的情况。另外，企业内部缺乏健全的环境管理体系，社会公众监督作用仍然十分有限。

4.3 工业污染防治形势

4.3.1 经济逐步复苏，工业污染防治面临新挑战

尽管“十一五”有望超额完成主要污染物的减排目标，但“十二五”时期，我国经济将逐渐复苏，工业污染防治的形势仍然不容乐观。为应对全球金融危机，我国政府相继出台了一系列的“保增长、扩内需、调结构”的政策，“十二五”期间，随着经济刺激政策的不断深化和加强，我国经济有望全面复苏。经济复苏时期的工业污染防治可能会受到盲目追求 GDP、地方保护主义等诸多因素的影响，“十一五”污染减排的成果可能会在一些地方出现反弹，给工业污染防治带来新的挑战。

4.3.2 工业结构性污染特点仍将十分明显

“十二五”期间，无论是水污染排放、大气污染排放还是固体废弃物排放，行业分布仍非常集中，污染物排放贡献度较高的仍是少数“两高一资”行业，是污染减排的重点。“十二五”期间，预计废水排放的主要行业仍将集中于造纸、化工、纺织、电力和钢铁 5 个行业，排放的废水占统计的工业行业废水排放量的 55%以上；从 COD 排放看，造纸行业排放的 COD 占全国工业 COD 排放量的 30%以上。电力（电力热力的生产和供应业）、建材（非金属矿物制品业）、钢铁（黑色金属冶炼及压延加工业）、化工（化学原料及化学制品制造业）和有色金属（有色金属冶炼及压延加工业）等 5 个行业仍将是工业 SO_2 的主要来源，排放的 SO_2 占统计的工业行业 SO_2 排放量的 80%以上；固体废弃物污染方面，工业固体废弃物排放仍将集中在煤炭采选业、有色金属矿采选业、黑色金属矿采选业 3 个行业，其工业固体废弃物排放量占统计工业行业固废排放总量的 60%以上。

4.3.3 有毒有害等非常规污染物问题将凸显

目前，工业污染防治重点关注在常规污染物的控制，对随工业废水、废气和固体废弃物一起排放的有毒有害污染物（如持久性有机污染物（POPs）、持久性有毒

污染物（PTS）、重金属等）关注较少。有毒有害等非常规污染物（新型污染物）对水体和土壤的污染已经显现，并有加重趋势。“十二五”时期，随着我国工业的快速增长，非常规污染物（新型污染物）的种类、数量将会越来越多，如果短期无法采取有效措施，非常规污染物的排放将会继续增加，危害将会继续扩大，特别是有机有毒有害污染物排放导致对人体健康的危害等问题将越来越凸显。

以 POPs 为例，我国于 2001 年签署了《关于持久性有机污染物（POPs）的斯德哥尔摩公约》，并于 2007 年发布了《中国履行〈关于持久性有机污染物的斯德哥尔摩公约〉国家实施计划》，按照计划，“十二五”期间，我国在清除在用含 PCBs 电力装置中 PCBs 使用、减少或消除无意产生 POPs 的排放、减少或消除源自 POPs 库存和废弃物的排放、POPs 的污染场地管理和处置等方面的工作亟须加强。

4.3.4 中小企业污染防治任务仍十分艰巨

我国中小企业、非国有企业的数量庞大，占所有企业的绝大多数。据统计，2007 年，我国中小型企业单位数占 99.14%、工业产值占工业总产值的 65.24%。由于这些中小企业经营分散，规模小、档次低、工艺落后，环保意识低，社会责任感不强，污染治理投入不足，污染治理技术落后，环境管理水平低。加上长期以来，政府部门放松了对这些小企业的环境管理，环境政策和监管不到位，使得这些小的落后企业，浪费资源、污染环境的问题相当突出，是当前环境污染的主要“贡献者”。近年来，尽管随着节能减排力度的不断加大，淘汰落后产能，“上大压小”，限期治理，提高清洁生产技术水平等政策和手段的实施，有力地促进了中小企业和非国有企业的污染防治，但未来污染防治任务仍十分艰巨，特别是纺织业、造纸业、建材业等一些小企业、乡镇私营企业分散经营，监管任务仍十分繁重。

4.4 工业污染防治思路

4.4.1 “十二五”期间工业污染防治的总体战略思路

总体来看，“十一五”时期，我国工业污染防治工作成果显著，防污减排更是取得了明显进展。然而，未来相当长的一段时间内，我国经济仍处于重化工业阶段，工业污染防治的形势不容乐观。“十二五”期间，淘汰落后生产力仍将是我国工业污染防治的重点，其核心是通过污染减排的倒逼机制，从末端减排向中端减排、前端减排传导，加快工业污染防治由“末端治理”向全过程防治、源头防治的转变，逐步依次实现减少污染物产生量、减少资源能源消耗、优化经济发展方式的目标。①不断完善环境管理政策体系，通过行政手段的强制约束和环境经济政策的激励和引导作用，进一步增强企业污染防治的“内在驱动力”，建立稳定达标排放的技术体系，继续实施末端减排；②继续大力发展循环经济、积极推行清洁生产，提高技术进步水平，减少污染物产生量，实现中端减排；③围绕重点行业，淘汰落后产能、优化升级产业结构，减少资源能源消费量，实现前端减排。

以科学发展观为指导，按照建设资源节约型和环境友好型社会的要求，“十二五”期间工业污染防治的总体战略思路是：继续大力推进工业结构调整和优化升级进程，综合运用法律、经济、技术、行政和信息公开等措施来防治工业污染，加快工业污染从末端治理向源头和全过程控制转变、工业污染物从浓度控制向总量和浓度控制相结合转变，工业污染的全面治理与重点治理相结合，逐步构建起全防全控的工业污染防治体系，大幅度减少工业污染物的产生和排放。

（1）加速工业结构调整和优化升级。通过加强自主创新能力，建设有中国特色技术创新工业体系、先进工艺和设备制造；推进生产工艺、设备的优化升级，使生产向资源节约型、环境友好型生产方式转变；加快信息化的发展，提高污染的自动监测、控制水平，以信息化带动工业化；加速淘汰落后产品，实现产品质量全面升级，推行清洁化生产等途径调整工业结构和优化升级、建立科技含量高、经济效益好、资源消耗低、环境污染少的新型工业结构，摒弃“先污染、后治理”的传统发展模式。

（2）综合运用法律、经济、技术、行政和信息公开等措施进行工业污染防治。进一步完善法律法规，建立完善的工业污染防治法律体系，充分发挥法律的指导和约束效力；加强研究制定环境经济政策，充分利用市场机制推进污染防治；改革排污收费制度，使其真正达到或超出治污成本；加强工业污染防治技术支撑能力建设，推动绿色工业化进程；严格环境保护准入，努力构建工业污染预防新体系；增加工业污染治理投入；加强信息公开，积极运用网络等新媒体手段，扩大信息公开范围，提高公众参与水平。

（3）强化末端治理、严格源头削减与过程控制。继续加大末端治理力度，加快淘汰落后生产能力，对不符合排放标准、生产工艺落后的技术和装备，一律淘汰。严格针对中小企业、非规模以上国有工业为企业、非国有工业企业的执法监督力度，督促不达标企业尽快实现稳定达标排放。在强化末端治理的同时，注重从源头削减和控制污染。依法推行清洁生产，从生产设计、能源与原材料选用、工艺技术与设备维护管理等社会生产和服务的各个环节实行全过程控制，大力发展循环经济，使上游企业的废弃物成为下游企业的原料，延长生产链条，从生产和服务的源头减少资源的浪费，促进资源的循环利用，控制污染的产生。

（4）浓度控制、总量控制相结合，优化环境管理机制。通过科学确定总量控制目标与指标、完善污染物总量控制的相关立法、健全各项配套措施和责任监督机制、加快排污权交易制度的建立来强化污染物总量控制制度。同时继续发挥浓度控制的实施简单、管理方便的优势，提高工业污染物的综合和行业排放标准的科学性与合理性，严格行业污染排放强度准入机制，实现污染物排放的有效控制。

（5）工业污染的全面治理与重点行业、重点污染物的治理相结合。工业污染的全面治理与重点治理相结合，以重污染行业的污染防治作为工业污染防治为突破口，带动工业污染防治水平的全面提高。淘汰、限制高排放、高消耗的落后生产能力、工艺、设备和产品，重点淘汰钢铁、有色金属、机械制造、煤炭、电力、石化、建材、轻纺工和电子等行业的落后产能。

加强常规污染物管理的同时，逐步将持久性有机污染物（POPs）、持久性有毒污染物（PTS）、重金属等环境风险高、健康危害大的污染物纳入日常管理。

综合运用市场机制与行政手段加速淘汰中小企业的落后产能、促进中小企业技术改造落后生产工艺、污染治理设施，开发利用清洁生产技术；加大对中小企业的执法监管力度，常规执法检查与突击检查相结合；提高行业准入门槛。

4.4.2 “十二五”工业污染防治目标

（1）总体目标。国民经济产业结构以及工业结构的调整和优化升级初步完成。淘汰落后产能的任务完成大半，在全国范围内全面推行清洁生产和循环经济，污染防治“末端治理”的局面根本改变，末端治理与源头控制、全过程控制并存的格局基本形成。工业污染防治水平取得重大突破。

（2）工业污染物综合防治目标。

- ❖ 工业污染物产生强度目标：与2007年相比，单位工业增加值的SO_2、COD、氨氮的产生量分别下降50%，单位工业增加值固体废弃物产生量下降40%。
- ❖ 治理效率目标：工业SO_2、工业烟尘、粉尘、工业废水的排放达标率分别达到94%、96%、98%和95%，提高稳定达标排放水平。
- ❖ 资源利用效率目标：工业用水重复利用率、工业固体废弃物综合利用率分别达到85%和70%。

（3）重点行业工业污染防治目标。

表4-1　水环境保护目标

行业	项目	2015年
钢铁	工业用水重复利用率	97%
有色冶金	工业用水重复利用率	90%
电力	外排污水达标率	100%
石化	外排污水达标率	96%
化工	外排污水达标率	100%
造纸	水重复利用率	55%
纺织	中水回用率	25%～30%
皮革	中水回用率	60%～65%

表 4-2　大气环境保护目标

行业	项目	单位	2015 年
钢铁	SO_2 排放量	g/t 钢	1 900
	烟尘排放量	g/t 钢	1 400
	粉尘排放量	g/t 钢	1 400
	厂区降尘	t/（km^2·月）	<18
化工	燃烧废气和工艺废气达标率	%	100
	SO_2 排放量减排率	%	20
电力与动力工业	燃煤电厂烟尘排放量	g/（kW·h）	0.9
	SO_2 排放量	g/（kW·h）	2.0
	烟气脱硫机组投运及在建容量	亿 kW	6.5
建材工业	万元增加值排放 SO_2	kg/万元	22
	SO_2 排放总量	亿 t	160
	万元增加值排放烟粉尘	kg/万元	88
	烟粉尘排放总量	亿 t	650
机械工业	2015 年，所有的热加工企业的排放标准符合国家相关标准 2020 年，基本上杜绝热加工污染源，实现清洁生产		

表 4-3　固体废物处理及利用目标

行业	项目	单位	2015 年
钢铁	高炉渣利用	%	100
	钢渣利用	%	98
	尘泥利用	%	100
	粉煤灰与炉渣利用	%	92
有色冶金	铜、铝、铅和锌四大品种循环利用占总消费量	%	42
	工业固体废弃物（赤泥、废石、尾矿除外）综合利用率	%	>70
电力	粉煤灰	%	80
石化	固体废弃物处理利用率	%	>98
化工	固体废弃物减排率	%	20
	固体废弃物综合利用率	%	90
食品	固体废弃物综合利用率	%	85

4.5 全防全控任务措施

4.5.1 发挥环境功能区划对产业布局的先导性、基础性作用

要以环境功能分区为基础，引导工业合理布局，根据分区主导环境功能，制定差异性的工业产业调整政策。也要以环境区划落实主体功能区环境要求，探索基于多环境要素相互作用考虑的综合环境功能区划，研究提出跨省界区划方案或者大区

域性的环境功能区划，实现要素功能区划方案向综合环境管理区划融合集成，建立专项区划协调机制，以统一环境功能区划为龙头，实现统一环境保护规划。

根据我国自然环境特征和主要环境问题在宏观尺度上的空间分异，可以考虑将我国划分为北方地区、中部地区、东南沿海地区、西北地区、西南地区五大战略区域，作为制定差异性环境保护战略的基本空间框架。根据不同区域的主要环境问题和突出矛盾，制定环境控制目标和指标，并进一步调整完善有关政策、标准及技术规范。

（1）北方地区包括东北三省、河北、山西、天津、北京等地，因冬季采暖和工业相对密集，造成以烟尘污染为主的大气污染问题突出，水资源短缺，水环境质量差。大气环境以烟尘污染控制为主，水环境以流域性的水污染治理为主。

（2）中部地区包括河南、安徽、江西、湖南、湖北等地，是我国主要农产品基地的集中区，资源型产业开发和养殖、种植业发展造成的污染较严重，城镇环境基础设施建设水平较低，资源环境压力大，酸雨问题突出。环境保护的重点是加强城镇环境基础设施建设和农业面源污染控制，局部地区强化矿产资源开发的环境保护治理。

（3）东南沿海地区包括山东、江苏、福建和广东，是我国社会经济发展的第一梯队，外向型经济发达，人口密集，水网密集，城镇工业、生活和农业面源污染严重，城镇区域水环境恶化，大气环境呈现复合型污染特征，灰霾天气对环境的影响日益突出。环境保护的重点是加强 NO_x 污染和城镇群地区的水体污染治理，针对新型环境问题改进环境保护的标准、措施。

（4）西北地区包括陕西、内蒙古、宁夏、甘肃、新疆等省区，是我国荒漠化、半荒漠化区域，干旱少雨，人口密度低，社会经济欠发达，是我国主要的能源、原材料基地。区域性的沙尘和城镇地区的煤烟是影响大气环境的主要因素，水资源的过度开发造成区域性的生态系统退化，过度放牧、垦殖造成草地退化、水土流失严重。环境基础设施建设滞后，水环境污染较重。环境保护的重点是优化水资源利用，保证生态用水，加强重要生态功能区保护和生态修复。

（5）西南地区包括青海、西藏、四川、云南、贵州、广西等省区，该区域生态环境整体脆弱，地处诸多大江大河的上游区，但人口相对稀少，工业化相对滞后。区域资源开发和人口聚集呈加快趋势，局部地区环境污染较重，云贵川地区酸雨影响突出。实施生态优先的战略，加强生态功能保育恢复，加强城镇区和重要资源开发区的环境基础设施建设，建立生态补偿机制。

基于环境综合分区，应进一步制定差异性的环境保护战略和政策。

（1）在环境保护战略定位方面。北方和东南沿海地区，以环境污染治理为主，中部地区以环境污染预防为主，西北和西南地区以生态保护和恢复为主。

（2）在环境保护重点方面。北方地区重点控制煤烟型污染和流域性的水污染，东南沿海地区主要控制 NO_x 污染和灰霾天气以及水网地区的水体污染；中部地区主要是城镇密集区的环境保护和农业面源污染控制；西北和西南地区是局部地区的环境保护。

（3）在生态保护方面。北方地区、东南沿海地区和西部地区是区域性的重要生态功能区的保护与修复，西北和西南地区是国家重要生态功能区的保护与生态功能恢复。

（4）在环境保护投入方面。北方地区、东南沿海地区和中部地区以地方投入为主，西北和西南地区需要加大国家支持力度等。

4.5.2 建立污染物产生和排放强度“双约束”制度

（1）分地区、分行业对单位 GDP 的物耗、能耗和污染产生和排放强度进行统计和发布，将行业前 30%作为“标杆值”，中间值作为行业“准入值”，后 30%作为 5 年内强制“淘汰值”，滚动淘汰落后产能，逐步提高行业整体水平。提高淘汰值和准入值的刚性作用，将单纯排放量评价控制逐步转变到产生量和排放量双重控制，从产生量源头减少污染风险、减少治理成本，更新对清洁友好型企业、产品、行业的认识，实现安全发展、清洁发展。

（2）发布预淘汰、限制生产、限制进口产品、工艺目录，作为产业发展的风向标，引导未来产业发展。各地区、各行业每 3 年更新强制淘汰和限制高排放、高消耗的落后生产能力、工艺、设备和产品目录，重点调整淘汰冶金、建材、石化、化工、电力、机械、轻纺等行业的落后产能。

4.5.3 将环境风险纳入工业企业防治的范畴

（1）增加非常规污染物的排放控制。将臭氧和有毒有害物质等污染物纳入日常监管范围内，拓展管理领域，调整管理思路，从环境影响评价、工程规范、验收标准等多方面入手，建立环境风险防范的制度体系。

（2）将高风险行业纳入“绿色保险”体系，保证污染事故的赔偿资金。

（3）控制产业规模，提高集中度，将中小企业集中于工业园区，加强工业污染集中控制，实行污染集中控制和治理的市场化、社会化和产业化，降低治污成本。

（4）增加敏感水体和区域的 TMDL（最大日负荷）指标，在企业达标排放标准中，对环境污染事故发生的临界峰值严格监控。

（5）重点关注重污染、高风险行业，推广废水循环利用技术。重点抓好重化工业以及量大面广的工业废水处理处置，以造纸、酿造、化工、纺织、印染行业为重点，大力推进清洁生产和提高废水处理设施运行率。在钢铁、电力、化工、煤炭等重点行业推广废水循环利用。

（6）提高企业治污设施的运营率，严格监管，对部分运行和私自停运治污设施的企业实行惩罚。

（7）依法关停重污染的小企业。重点是要依法关停一批生产工艺落后、污染大的小造纸、小印染、小电镀、小化工、小炼油、小水泥、小冶炼等高污染、高能耗的“低、小、散”企业。在 2010 年淘汰落后产能的基础上进一步提高淘汰标准。

4.5.4 推行污染源稳定达标排放

（1）明确监管责任、发挥部门联动作用。明确发展改革、建设、国土、工商、安全生产监督等各部门的环境监管职责，完善环境联合执法协调查处机制，加强部门联动。健全国家监察、地方监管、单位负责的环境监管体制，恢复和完善企业和行业监测、监督体系，健全国家和地方工业污染两级环境监控网络。健康建设重点污染企业自动在线连续监测系统并加强管理、维护，加强对所有企业污染物排放、环境保护设施运行的监督管理，依法处罚环境违法企业，关闭不治理或整理后达标无望的企业，取缔使用落后生产工艺的企业，并定期向社会公布违法企业名单。

（2）加强环保监测的科学性、可靠性和连续性。严格环保监测要求，规范环保统计；为真实地反映工业污染产生的情况，提高统计数据的可靠性，尽快采用自动在线连续监测手段，完善工业污染排污监测；完善执法体系，恢复和完善行业监测、监督体系，加强依法监督和管理。

（3）编制具有刚性约束力的主要行业污染治理技术规范、建设标准，质量标准和总量标准结合，从工程设计角度提高稳定达标排放的硬件基础。

（4）提高排污收费标准，加大违法惩罚力度，提高治污积极性。根据地方经济发展水平和排污收费的执行情况，逐步提高排污收费标准，废气排污费由 0.6 元/污染当量提高到 1.2 元/污染当量，其中 SO_2 由 0.63 元/kg 提高到 1.26 元/kg；污水排污费由 0.7 元/污染当量提高到 0.9 元/污染当量。

（5）严格工业项目审批，发挥最佳实用技术指南作用，将“综合排放许可证”加入项目建设审批之中，对新建项目提高要求。

（6）依靠社会力量监督中小企业的环境行为。加强环保部门监督执法能力的同时，发挥企业监督员和社会监督力量，尤其是对分散偷排、私自停运治污设备的企业做到“投诉有回应，举报有奖励”。对有信誉的守法企业在办理扩建环评审批等行政手续时，实行“绿色通道”加快审批进度，对有违法记录企业采取增加环保检查次数、公布其银行信贷环境风险、增加其新建扩建审批项目、延长公示时间等措施。

4.5.5 减少生产过程污染物产生量

（1）依靠科技进步，推动绿色工业化进程。积极开发应用工业污染防治的共性关键技术、清洁生产和绿色制造技术，形成自主核心技术。重点在源头控制、过程控制和净化处理、末端治理和资源有效利用，开发应用新工艺及技术。协调人力、财力、物力做好新工艺及技术的开发应用。发展环保产业，培育新的经济增长点，加快污染防治的共性关键技术、清洁生产和绿色制造技术的科研成果转化，推进工业污染防治新工艺及技术的设备国产化，促进生产方式向资源节约型、环境友好型方向转变，力求“绿色生产”。

（2）发展循环经济，促进工业发展资源节约、环境友好。建设生态工业园区，在钢铁、有色金属、电力、化工、建材、机械等重点行业、重点地区规划建设若干体现循环经济的工业生态园区，促进重点行业间的耦合和生态连接，使上游企业的废气、废热、废水等废物成为下游企业的原料和能源，实现污染“零排放”。全面实施清洁生产，多渠道、多方式支持企业开展清洁生产审核，增加清洁生产项目投资，采取清洁生产技术，实现污染全过程控制。此外，发展再生能源产业，提高矿产资源、国土废弃物的综合再生利用率，提高工业“三废”集中处理水平。

4.5.6 促进产业结构优化调整

（1）建立退出机制，依法限期淘汰落后。对在限期前提前关停并转或提高技术水平达到先进水平的企业给予补偿和奖励。

（2）调整进出口结构，重点控制高能耗产品出口。通过取消资源性产品出口退税、提高出口关税等手段，控制“两高一资”产品的出口；通过制定取消或降低进口关税等优惠政策，鼓励资源性产品的进口。禁止生铁、废钢和钢坯等产品的出口，严格限制煤炭、原油、金属砂矿等资源性产品以及氧化铝、低附加值钢材、国内紧缺的薄板和烙铁、锰铁、金属锰等严重依赖国外资源的铁合金等产品出口，限制化工产品尿素、纯碱、烧碱和黄磷等的出口，限制水泥产品的出口增长。

（3）实行差别电价，增加企业改造驱动力。对淘汰和限制类企业实行差别电价，淘汰类企业差别电价提高到 0.4 元，限制类企业提高到 0.1 元。

（4）提高行业准入门槛，强制实施环境准入标准。针对重污染行业污染物产生量大、危害严重、水环境风险高等特点，进一步提高化工、造纸、制药、冶炼、轻工、印染等重污染行业的环境准入门槛，实行强制环境准入标准。对重点行业特征污染物进行从原料、生产、加工、消费、循环的全过程控制和管理。淘汰落后造纸、酒精、味精、柠檬酸产能，实现 COD 减排目标。

（5）发挥行业协会作用 引导全行业的共同进步。组织行业协会和有实力的企业积极参与环境保护政策、法规、标准和清洁生产指标的制定，组织建立和完善资源节约、污染防治的信息统计、分析及发布制度。充分依靠行业协会和有实力的企业（集团）的研发力量，加强对环保新设备、新工艺的研究，建立典型示范生产线，引导行业技术进步。

（6）把环境保护要求有机纳入产业发展规划。科学制定并认真实施充分考虑环境保护要求的重点工业产业发展规划，利用政府宏观调控手段合理有序地进行产业规模和布局的调整，避免产能增长过快、发展失控以及布局不合理。不断提高行业准入门槛，严格环境准入，把好环境法规、土地、信贷 3 个闸门和“区域限批”等制度，有效引导和合理控制行业发展。

发挥环保部门“双高”产品目录的指导作用，对高污染、高风险的产品和落后工艺的新建项目严格限制发展，已建项目逐步萎缩。

第5章

水环境保护

5.1 水环境形势分析

5.1.1 水环境保护进展

“十一五”以来，国家水污染防治力度明显加大，减排措施初见成效，水环境质量有所改善。2008 年，化学需氧量比 2005 年下降 6.61%；全国城镇污水处理率达到 66%，比 2005 年提高了 14 个百分点；全国地表水河流国控断面高锰酸盐指数平均浓度 5.77 mg/L，总体上达到III类标准。

流域污染防治工作稳步推进。到 2008 年年底，2006 年批复实施的松花江流域水污染防治规划的项目与投资完成率均达到 70%以上；2008 年 4 月批复的淮河、海河等流域水污染防治规划，考核断面 70%已经达到规划目标，规划项目完成率（含调试运行）为 42%，规划投资完成率为 37%，超过“十五”同期进度。修订后的《水污染防治法》于 2008 年 6 月正式实施；水体污染控制与治理科技重大专项全面启动。

5.1.2 存在的问题

（1）水污染依然严重。我国的水环境污染处在有机污染尚未根本解决、营养物污染和有毒有害物质污染同时并存阶段。

（2）有机污染以化学需氧量为主要指标，尽管化学需氧量污染减排已取得明显成效，但距离全国水环境容量目标尚有较大差距。

（3）总氮（TN）、总磷（TP）是营养物质污染的主要指标。2008 年，全国地表水河流国控断面中，TN 指标的平均质量浓度 3.44 mg/L（超过湖库V类标准 0.72 倍，超过湖库V类标准的断面数占 55.2%）。TP 平均质量浓度 0.19 mg/L，达到河流水质的III类标准（但相对湖库标准已达到V类，劣于湖库V类标准的断面占 29%）。在河流水系中，氨氮污染尤其突出。全国地表水河流国控断面中氨氮平均浓度 1.9 mg/L，仅达V类标准，劣V类断面占 19.2%。

（4）重金属、持久性有机污染物（POPs）等污染在部分流域、部分地区污染问题突出。湘江流域的砷、汞、镉重金属污染长期存在；京津地区、长江三角洲、珠江三角洲等地区地下水“三致”有机污染物不同程度检出，农药类、卤代烃类、单环芳烃类等有机污染指标检出率为 10%～20%，部分地区达 30%～40%，东北老工业基地地下水“五毒”（挥发酚、氰化物、砷、汞、六价铬）和有机污染问题尤其突出。

5.1.3 面临的压力

更大的污染负荷压力。“十二五”期间国家 GDP 的增速将保持在 8%以上，城镇化率将进一步提高（约 4 个百分点）。在产业结构没有根本性转变的情况下，工业与生活用水量将逐年增加（2000—2006 年，工业与城镇生活用水量年均增长率分别为 1.8%和 4.9%），造纸、化工、纺织印染、钢铁、食品酿造等水污染严重的行业依然占有相当的比重（2007 年在 60%以上，预计 2015 年仍将保持在 50%以上）。

空前的环境监管压力。到“十二五”末期，预计全国将有超过 2 500 座城镇污水处理厂（2010 年预计约 2 000 座）和超过 5 000 个乡镇分散式污水处理设施（2010 年预计约数百个），超过 4 000 个城镇饮用水水源地（2008 年 4 002 个）和超过 10 000 个乡镇饮用水水源地（2009 年正在调查约 4 000 个），超过 10 000 个国控重点工业污染源（到 2010 年预计约 6 000 个），风险源数量众多，一般的排污单位将有几十万家。同时若启动非点源污染防治，将面临更艰巨的量大面广的污染控制对象。

5.1.4 “十二五”主要污染物新增量测算

（1）基于工业废水增长率预测方法。

- 废水排放增量：2000—2007 年工业废水排放量年均增长率为 3.5%，2005—2007 年工业废水排放量年均增长率为 1.3%。“十二五”期间工业废水年均增长率按照 3.5%、4%和 5% 3 种情景进行预测。工业废水排放增量分别为：48 亿 t、56 亿 t 和 71 亿 t；2008 年全国总人口为 13.28 亿，按照年均增长率 0.5%计算，到 2010 年全国总人口为 13.44 亿（城镇人口 6.45 亿）。“十二五”期间人口自然增长率按照 0.5%计算，2015 年全国总人口为 13.80 亿。城镇化增长率按照 4.5%、5%和 5.5% 3 种情景，预测城镇人口增量为 0.79 亿、0.86 亿和 0.93 亿；根据污染源普查给出的 5 区 5 类城镇生活产排污系数进行加权平均，人均废水排放量为 143 L/d，计算城镇生活废水增量分别为 41 亿 t、45 亿 t 和 49 亿 t。
- COD 排放增量：2000—2007 年工业 COD 排放浓度呈逐年下降趋势，7 年间浓度降低了 40%以上。2007 年 COD 浓度为 207 mg/L。工业废水达标率接近 95%。“十二五”期间工业 COD 排放浓度按照 210 mg/L，计算工业 COD 排放增量分别为 101 万 t、117 万 t 和 149 万 t；人均城镇生活 COD 排放系数为 70 g/d，计算城镇生活 COD 排放增量分别为 203 万 t、220 万 t 和 238 万 t。
- 氨氮排放增量：2000—2007 年工业氨氮排放浓度呈波动下降趋势，7 年间浓度降低了 30%，2007 年氨氮浓度为 14 mg/L。“十二五”期间工业氨氮排放浓度按照 15 mg/L，计算工业氨氮排放增量分别为 7 万 t、8 万 t 和 11 万 t；人均城镇生活氨氮排放系数为 8.4 g/d，计算城镇生活氨氮排放增量分别为 24 万 t、27 万 t 和 29 万 t。根据以上测算结果，“十二五”期间废水排放增量在 89 亿～120 亿 t，COD 排放增量在 304 万～387 万 t，氨氮排放增量在 31 万～40 万 t。

表 5-1 城镇生活污染物排放增量预测

2010 年人口/亿	2015 年人口/亿	2010 年城镇化率/%	城镇化增长率/%	城镇人口增量/亿	人均排放系数			“十二五”增量		
					COD/(g/d)	氨氮/(g/d)	废水/(L/d)	COD/万 t	氨氮/万 t	污水/亿 t
13.44	13.8	48	4.5	0.79	70	8.4	143	203	24	41
			5	0.86	70	8.4	143	220	27	45
			5.5	0.93	70	8.4	143	238	29	49

表 5-2 工业污染物排放增量预测表——基于废水排放增量趋势

2010 年工业废水排放量/亿 t	工业废水增长率/%	工业废水排放量/亿 t	工业废水排放增量/亿 t	工业 COD 排放质量浓度/（mg/L）	工业氨氮排放质量浓度/（mg/L）	工业 COD 排放增量/万 t	工业氨氮排放增量/万 t
257	3.5	305	48	210	15	101	7
	4.0	313	56	210	15	117	8
	5.0	328	71	210	15	149	11

（2）根据 2010 年单位 GDP 工业 COD 排放强度预测方法。“十二五” GDP 增长率分别取 8.5%、9%和 10%（9.5%），根据 2007 年工业 COD 实际排放量，推算 2010 年单位 GDP COD 排放强度，计算“十二五”期间工业 COD 排放增量分别为 224 万 t、240 万 t 和 256 万 t，工业氨氮排放增量分别为 17 万 t、18 万 t 和 20 万 t。城镇生活 COD 排放增量分别为 203 万 t、220 万 t 和 238 万 t。城镇生活氨氮排放增量分别为 24 万 t、27 万 t 和 29 万 t。根据以上测算结果，“十二五”期间 COD 排放增量在 427 万～494 万 t，氨氮排放增量在 41 万～49 万 t。

表 5-3 工业污染物排放增量预测表——基于单位 GDP 工业 COD 排放强度

2010年工业COD排放量/万 t	2010 年工业氨氮排放量/万 t	GDP 年均增长率/%	GDP 总增长率/%	工业 COD 增量/万 t	工业氨氮增量/万 t
445	34	8.5	50.37	224	17
		9.0	53.86	240	18
		9.5	57.42	256	20

（3）根据 2010 年排放强度预测。根据总量减排年度核查中新增量计算，2007 年 GDP 增长率为 11.9%，城镇人口增加约 1 700 万，COD 排放量增加 99 万 t，其中工业 COD 增长约 53 万 t，城镇生活 COD 增加约 46 万 t；2008 年 GDP 增长率为 9%，城镇人口增加约 1 300 万人，COD 排放量增加 94 万 t，其中工业 COD 增加约 58 万 t，城镇生活 COD 增加约 36 万 t；以此推测，“十一五”期间 COD 排放量增加约 460 万 t。其中工业 COD 增量 250 万 t，城镇生活 COD 增量 210 万 t。“十一五”期间工业 COD 增量计算时按照 2005 年的排放强度为 30.5t/亿元，“十二五”

预测应使用 2010 年排放强度，为 15.2 t/亿元，2010 年 COD 排放强度为 2005 年的 50%，考虑到“十二五”期间工业增加值增幅比“十一五”期间增加 43%，按此推算，“十二五”工业 COD 增量为 179 万 t。城镇生活 COD 排放增量分别为 203 万 t、220 万 t 和 238 万 t。根据以上测算结果，“十二五”期间 COD 排放增量在 382 万～417 万 t。

表 5-4　工业污染物排放增量预测表——基于 2010 年排放强度

2005 年 GDP/万亿元	2005 年工业 COD/万 t	2005 年强度/（t/亿元）	2010 年 GDP/万亿元	2010 年工业 COD/万 t	2010 年强度/（t/亿元）	“十一五”期间工业 COD 增量/万 t	“十二五”期间工业 COD 增量/万 t
18.22	555	30.5	29.22	445	15.2	250	179

（4）根据“十一五”污染减排核算新增量等比例推算方法。“十一五”期间工业增加值增量为 6.19 万亿元，预测“十二五”期间工业增加值增量为 8.85 万亿元，按照“十一五”工业 COD 增量等比例递推，“十二五”工业 COD 增量为 357 万 t。城镇生活 COD 排放增量分别为 203 万 t、220 万 t 和 238 万 t。根据以上测算结果，“十二五”期间 COD 排放增量在 560 万～595 万 t。

表 5-5　工业污染物排放增量预测表——基于减排新增量推算

2005 年工业增加值/万亿元	2010 年工业增加值/万亿元	2015 年工业增加值/万亿元	“十一五”工业增加值增量/万亿元	“十一五”工业 COD 增量/万 t	“十二五”工业增加值增量/万亿元	“十二五”工业 COD 增量/万 t
7.72	13.91	22.76	6.19	250	8.85	357

5.1.5 预测结论

以上 4 种预测方法的特点在于：方法 1 注重了废水增量和 COD、氨氮增量之间的关联，但是与 GDP 增长率的衔接不够，工业废水水量等基数影响较大；方法 2 体现了 COD 增加与 GDP 增长率变化之间的联系，但是生产技术进步、产业结构调整以及环境准入等方面的影响无法体现；方法 3 部分消除了低污染物排放行业工业增加值增量对 COD 增量的影响，结果的准确程度取决于“十一五”总量减排核查办法中新增量计算的科学性；方法 4 的 COD 增加体现了工业增加值增长率的变化，但是生产技术进步、产业结构调整以及环境准入等方面的影响无法体现。4 种预测 COD 增长率与 GDP 增长率的比值分别为 0.62、1.00、0.74 和 1.48。

“十二五”全国人口年均自然增长率取 0.5%，城镇化年均增长率取 1%，城镇生活 COD 排放增量为 220 万 t/a；方法 1 取工业废水年均增长率 5%，工业 COD 排放增量为 149 万 t，合计 COD 排放增量为 369 万 t；方法 2 的 GDP 年均增长率取 9%，工业 COD 排放增量为 240 万 t，合计 COD 排放增量为 460 万 t；方法 3 工业 COD 排放增量为 179 万 t，合计 COD 排放增量为 399 万 t；方法 4 工业 COD 排放增量为 357 万 t，合计 COD 排放增量为 577 万 t。

城镇生活氨氮排放增量为 27 万 t；方法 1，工业氨氮排放增量为 11 万 t，合计氨氮排放增量为 38 万 t；方法 2，工业氨氮排放增量为 18 万 t，合计氨氮排放增量为 45 万 t。

5.2 指导思想和原则

5.2.1 指导思想

以科学发展观为指导，以“让江河湖泊休养生息”为理念，以优化经济结构和产业布局为方向，统筹地表水、地下水和近岸海域污染防治，以骨干工程为依托，以机制创新为保障，全面提升水污染防治水平和水环境监管水平，完善减排指标和管理体系，重点保障饮用水水源地水质安全，解决突出的水环境问题。

5.2.2 基本原则

（1）以防为主，防治结合。要坚持源头和全过程预防，充分考虑水环境容量，在取水、用水、排水的各个环节强化水环境保护，减轻环境压力，减少污染物产生。要坚持防住“两头”，未受污染或污染较轻的流域区域，要严加防范和保护，防止受到破坏；污染严重的流域区域，要彻底消除环境安全重大隐患，防止发生造成生态环境重大破坏或产生重大社会影响的环境污染事件，防止发生严重危害群众健康的群体性事件。

（2）全面推进，重点突破。继续大力推进重点流域环境治理，将保障群众饮水安全作为首要任务，全面提高重点工业行业的污染防治水平，由关注水环境质量改善向水质改善与水资源保护、水生态保护综合管理转变，全面加强各类主要污染物的控制，突出非点源污染预防和治理，控制氮磷污染负荷，将氮、磷和有毒有害物质等污染物纳入控制与管理。

（3）综合手段，统筹治理。水污染防治是复杂的系统工程，需要综合运用法律、经济、技术、行政和信息公开等各种办法解决问题。要加强法律法规的配套完善，加强研究制定环境经济政策，充分利用市场机制推进污染防治。要加强水污染防治技术支撑能力建设，要加强信息公开，要加强水环境目标责任制考核，将水污染防治工作目标、任务和措施层层分解，严格评估、严肃考核、严厉问责。

5.3 目标与指标

5.3.1 总体目标

到 2015 年，国家水污染物排放总量持续削减，水污染治理水平及水环境管理水平进一步提高，饮用水水源地水质稳定达到功能要求，全国地表水环境质量有效好转，地下水污染恶化趋势得到有效控制，近岸海域水质基本稳定。

5.3.2 水质目标

地表水饮用水水源地水质达标率大于 90%（现状约为 80%），地下水饮用水水源地水质达标率大于 90%（现状约为 85%）。

地表水国控断面劣Ⅴ类水质的比例小于 15%（“十一五”目标为 22%），七大水系国控断面好于Ⅲ类的比例大于 60%（2010 年目标为 43%），重金属污染指标全面达到Ⅲ类。

近岸海域水质总体保持稳定，渤海、东海水质有所改善。

5.3.3 总量目标

（1）COD。各项工程措施削减量为 482 万 t（其中污水处理厂削减 310 万 t，再生水利用 22 万 t，工业提标、结构调整及加强监管削减 150 万 t）。按照新增量预测方案 1，可削减 113 万 t；按照新增量预测方案 2，可削减 22 万 t；按照新增量预测方案 3，可削减 83 万 t；按照新增量预测方案 4，将增加 95 万 t。以 2010 年 1 272 万 t 目标测算，削减比例分别为 8.8%、1.7%、6.5%、－7.5%，削减比例受社会经济发展模式导致的新增量差异影响较大。

（2）氨氮。启动全国氮总量减排，“十二五”全国以氨氮为减排指标，湖库控制总氮。各项措施削减氨氮 58 万 t（其中污水处理厂削减 43 万 t，提标改造削减 9 万 t，再生水利用减 4 万 t，工业提标、结构调整及加强监管削减 2 万 t）。按照新增量预测方案 1，可削减 20 万 t；按照新增量预测方案 2，可削减 13 万 t，与 2007 年氨氮排放量相比削减比例为 15%～10%。

（3）磷。启动湖库磷的总量减排，由流域水污染防治规划确定各流域具体目标。

（4）重金属指标。根据流域水污染状况确定为区域总量控制指标。

5.3.4 污染防治目标

全国城镇污水处理率及污水处理厂负荷率均达到 80%以上，全国污水处理能力达到 1.5 亿 t/d。

造纸、化工、纺织印染、食品酿造等水污染严重行业提高排放标准，实现全面稳定达标。

5.4 防治思路

5.4.1 全国统筹的分区防控体系

（1）编制全国水污染防治规划，将“四河”（淮河、海河、辽河、黄河）、“三江”（长江、珠江、松花江）共 7 个水资源一级片区有机纳入，西北诸河、西南诸河及东南诸河 3 个水资源一级区体现水生态保护与水污染防治并重，以制度完善和配套政策为主。继续强化现有重点流域水污染防治工作，为体现湖泊污染防治特征延续编制“三湖”（太湖、滇池、巢湖）水污染防治规划，为保障南水北调水源及用水安全修订南水北调东线和中线治污规划。

（2）建立全国的流域、控制区、控制单元三级水环境管理分区体系。国家按流域编制水污染防治规划，按控制区识别和分析流域水环境问题，明确治污重点和方向。以国控断面为节点，统筹考虑水资源分区、行政分区与河流（河段）的对应关系划定控制单元，把控制单元作为 “总量、质量、项目、投资”四位一体制定水污染防治方案的基本单元，按照水质改善、生态保护、污染控制等不同要求划分控制单元类型，建立规划目标指标体系，实现污染源—入河（湖）排污口—水体水质之间的响应，落实目标责任考核。

5.4.2 科学完善的总量减排体系

科学确定总量控制目标与指标。总量控制的根本目的是改善环境质量，保障人民健康。总量控制指标的确定必须结合各层面、各区域水环境质量与水环境功能的指标需求，以能够达到水质改善为目标，制定流域和区域乃至全国的总量控制指标。

（1）点源 COD 减排。“十二五”期间，严重超标单元实行目标总量控制，削减率为 10%～15%；基本达标的单元为保证水质稳定达标，削减 5%～10%；已经达标的单元重点提升水生态安全，削减率在 0～5%，部分单元可适当增加排污量。

（2）点源氮减排。将是长期而艰巨的任务。10 年内重点发挥 COD 减排的协同效应，以氨氮为主要减排指标，重点湖库为控制富营养化以总氮为控制指标。

（3）点源磷减排。尚不具备总量控制条件。由于统计与监测能力不足，难以作为全国的总量控制指标。重点湖库为控制富营养化可以总磷为控制指标。用标准与政策等手段加强全国磷污染物排放的控制。

（4）非点源污染防治。非点源严重影响水环境质量，应有效予以防治。基本思路是：逐步建立标准与规范体系，从主要污染控制对象入手开展减排量化评估，用简便易行技术方法指导减排，用激励的经济政策推进减排，把减量交易指标新增点源保障减排措施可持续实施，并在国家总量控制指标中预留一部分指标用于奖励和交易。

5.5 主要任务

5.5.1 饮用水水源地保护

（1）加强饮用水水源地污染防治管理。进一步加强流域水污染防治，落实省界断面水质考核制度，实施主要污染物总量减排，加强河流型水源地工业和城镇生活污染防治，严格控制流域上游高污染高风险行业环境准入，确保饮用水水源地上游来水水质持续稳定达标。强化农业面源外源进入、水产养殖内源释放、湖库内外生态系统修复和蓝藻应急处置等污染防治措施。优化城镇、工业和地下水水源地布局，加强地下水水源保护区管理，确保地下水水源安全。同时，完善相关法律法规及标准体系，加大饮用水水源地保护宣传力度，提出饮用水水源地环境管理对策建议。

（2）加大饮用水水源地环境监管力度。依法划定饮用水水源地一级保护区和二级保护区，必要时划定准保护区。一级保护区禁止建设与供水设施和保护水源无关的项目，坚决取缔网箱养殖；二级区内禁止建设排放污染物的项目，对其中的淡水水产养殖进行生态化改造；准保护区按要求采取相关措施。逐步实施水源保护区内的退耕还林还草，促进农业和养殖业的生态化改造。同时，加大饮用水水源地环境执法力度，严格依法行政，将饮用水水源地环境管理纳入法制化轨道。

（3）提高饮用水水源地环境监测能力。加快水源地水质监控体系建设，完善现有监测体系，提高水质监测能力，优化设置饮用水水源地监测点布设的位置、监测频次和监测指标，重视饮用水水源地监测数据质量管理，确保饮用水水源地监测数据准确性和规范性，逐步建立重要水源地水质达标信息披露制度。加大饮用水水源地环境监测的投入，在有条件的地区开展水源地水质自动监测，逐步实现水源地水质全分析，启动持久性有机污染物（POPs）、内分泌干扰物和湖库型水源地藻毒素监测。

（4）建立饮用水水源地风险防范机制。加强饮用水水源地风险防范工作，建立饮用水水源地风险评估机制，对汇水区工业污染源实施风险等级管理，对有毒有害物质进行严格管理与控制。构建水源地突发污染事故的有效防范体系，切实降低突发事故发生的概率。建设和完善水源保护区公路水路运输管理系统，全面禁止在水源保护区公路和水路运输危险品。编制切实可行的饮用水水源地应急预案，不断完善环境应急体系。对于单一水源的城镇，加快推进备用水源工程建设，提高饮用水安全保障水平。

测算投资约为 200 亿元。

5.5.2 城镇污水处理

（1）加快污水处理设施及其配套管网的建设。继续完善城镇污水处理设施建设，完善污水收集管网，全面开展管网的“雨污分流”改造工作，有条件的城市进行初期雨水的处理。预计 2010 年全国城镇污水处理规模将达到 1.2 亿 t/d，负荷率约 70%，全年处理量约 300 亿 t。考虑与“十二五”期间城镇化发展相衔接，建设 5 000 万 t/d 的污水处理厂，其中完成 3 000 万 t/d，负荷率按 80%计算可增加城镇污水处理量 2 400 万 t/d；“十一五”期间建成的污水处理厂运行负荷率提高到 80%可增加城镇污水日处理量 1 200 万 t，两项合计可新增污水处理量 3 600 万 t/d，“十二五”新增污水处理量 130 亿 t/a；测算提高污水处理负荷率约需增加配套管网 2.5 万 km；原有污水处理厂管网完善需增加 6 万 km（“十一五”建设任务为 16 万 km，预计“十一五”末实际完成 10 万 km 左右）；新建污水处理厂须配套管网 7.5 万 km。合计新增管网 16 万 km。预计削减 COD 310 万 t（COD 进水质量浓度按 300 mg/L，出水质量浓度按 60 mg/L），削减氨氮 43 万 t（氨氮进水质量浓度按 43 mg/L，出水质量浓度按 10 mg/L）。

测算污水处理厂建设投资约为 750 亿元，管网投资约为 2 200 亿元。

专栏 5-1 “十一五”污水管网建设情况

“十一五”期间管网建设主要任务是建设污水管道 162 724 km。其中，已有城镇污水处理厂完善配套管网 30 000 km，在建污水处理厂新增配套管网 78 874 km，新建、扩建污水处理厂新增配套管网 53 850 km。到 2010 年年末，污水管道总长达到 247 734 km，着力提高污水收集率，使城市污水处理厂负荷率达到 70%。

——《全国城镇污水处理及再生利用设施建设“十一五”规划》

（2）强化污水处理厂的提标改造。要求重点流域所有的市、县污水处理厂达到一级 B 标准，重点流域省会城市及重点地市的污水处理厂达到一级 A 标准，预计“十二五”升级改造的污水处理设施约 2 000 万 t/d，排入封闭式水域及对近岸海域水质有直接影响的地区污水处理厂应选用具有强化除磷脱氮功能的处理工艺。有条件的城市将城市径流污染控制纳入城市污水处理系统。由于目前大部分污水处理厂 COD 出水质量浓度均能达到或接近一级 A 标准，不计算 COD 减排量。同时部分污水处理厂氨氮去除率偏低，提标可大幅度提高氨氮的达标水平，计算可削减氨氮 9 万 t。

测算污水处理厂升级改造投资约为 100 亿元。

（3）重点提高污水再生利用率。以缺水地区为重点大力推行污水再生利用工作，同时鼓励其他地区开展污水再生利用。要求“十二五”总规模 20%的处理能力实现深度治理后回用，可增加再生水约 1 360 万 t/d（“十一五”要求北方缺水地区污水再生利用规模达到 500 万 t/d，南方沿海地区污水再生利用规模达到 180 万 t/d，此项工作基本没有开展。继续完成“十一五”目标，同时要求“十二五”再增加同等规模）。预计可削减 COD 22 万 t，削减氨氮 4 万 t。

测算污水再生利用投资约为 110 亿元。

（4）高度重视污泥的安全处置。新建污水处理厂和现有污水处理厂改造要统筹考虑配套建设污泥处理处置设施。截至 2008 年，我国共有城市污水处理厂 1 521 座，污水处理能力 9 092 万 t/d，平均实际处理能力 6 693 万 t/d。其中 10 万 t/d 规模以上的污水处理厂共有 256 座，污水处理能力约为 4 860 万 t/d，实际处理能力 3 680 万 t/d，均占全国的 50%以上。《重点流域水污染防治“十一五”规划》要求地处重点流域的省会城市及部分重点城市，预计到 2010 年，污泥处置率可达到 10%。到 2015 年，对 10 万 t/d 规模以上的污水处理厂的污泥进行处置，污泥无害化处置率达到 50%。

测算污泥综合处置投资约为 170 亿元（须处置干污泥量约 1.2 万 t/d，80%含水量的污泥约 6 万 t）。

（5）加强污水处理厂的运营与监管，实现污水处理厂的稳定达标。普及污水处理设施的自动化控制，实现污水处理厂的动态监督与管理。规范运营管理，加快建立城镇污水处理系统效能评价指标体系，科学评估污水处理厂的运营状况。

（6）因地制宜建设分散式污水处理设施。鼓励 1 000 人以上的集镇按照一级 B 排放标准要求，建成约 5 000 座的分散式污水处理设施，约占全国乡镇的 10%。

测算投资约为 200 亿元。

5.5.3 工业污染防治

（1）实行强制淘汰制度，加大工业结构调整力度，促进工业企业污染深度治理。严格执行国家产业政策，强化管理减排，以造纸、食品酿造、化工、印染纺织等为重点，合理控制行业发展速度和经济规模，对于草浆造纸企业，要求单条生产线的规模到 7.5 万 t/a 以上，黑液提取率达到 90%以上。针对氨氮、总氮和总磷污染凸显的问题，强化氮和磷排放的污染控制，重点是化肥行业的污染物控制，加大化肥行业的调整力度。工业企业要实现全面稳定达标排放，在资源型缺水的流域或区域（如海河流域），提出深度治理并回用的要求，鼓励企业集中建设污水深度处理设施。

（2）积极推进清洁生产，大力发展循环经济。“十一五”期间先后发布了造纸、电镀、纺织等多个行业的 42 个清洁生产标准，全面巩固和实施清洁生产标准在资源重复利用和污染控制中的应用，“十二五”期间对有清洁生产标准的行业，重点流域范围内的重点行业依法实行强制清洁生产审核，对达不到清洁生产水平的应予以关闭和淘汰。

（3）继续实施工业污染物总量控制，加强贯彻“提标升级”工业减排。全面推行排污许可证制度。依法按流域总量控制要求发放排污许可证，把总量控制指标分解落实到污染源，实行持证排污。“十二五”期间全面实行造纸行业新标准，在淮河和海河流域应出台相应的环境经济政策巩固新标准的实施；在流域内敏感地区，基于技术经济可行性，对化工、纺织印染等行业提出“提标升级”要求。

（4）预计通过工业企业提高排放标准及结构调整，通过监管提高稳定达标排放水平可削减 COD 排放量 140 万 t 以上，可削减氨氮 2 万 t 以上。其中造纸行业 COD 削减量为 60 万～80 万 t，食品酿造、化工、纺织印染等行业 COD 削减量为

40 万～50 万 t，其他行业为 40 万～50 万 t。氨氮削减主要行业为化工。

测算削减 COD 需投资约为 300 亿元。削减氨氮需投资约为 60 亿元。

5.5.4 氨氮污染控制

抓好现有各项措施是实施新要求的前提。对工业企业提高氨氮的排放标准；督促排污企业进行深度治理，实现稳定的达标排放；根据流域水质的情况，分期分批在城市污水处理厂中增加脱氮除磷的功能；对集中式规模化的畜禽养殖场要进行污染治理；推广测土施肥的方法，减少农业生产中化肥施用量。“三湖”和淮河流域水污染防治规划已将氮磷指标作为水质考核目标，淮河流域、滇池分别将氨氮和总磷作为总量控制目标。

“十五”后期，氨氮对水质的影响与高锰酸盐指数基本持平，“十一五”以来已成为影响水质的首要指标。不少区域流域氨氮的主要来源是面源（城市面源还未考虑），由于降雨产流过程把地表和大气中的污染物带入水体从而使水体遭受污染的所有污染源（主要是农业面源污染如包括农业施肥、养殖投饵等）。此外，水体底泥及沉淀物等内源通过溶解等进入水体形成二次污染也不容忽视。仅考虑对工业点源及城市生活污染源的削减仍然无法改善水质。

根据美国毒理基准试验，氨氮质量浓度超过 3 mg/L 鱼类出现明显反应，我国氨氮Ⅴ类标准限值为 2 mg/L。

氨氮排放总量逐年降低，由 2005 年的 149.8 万 t 下降至 2007 年的 132.3 万 t。与此同时，生活污染物在其中所占比例逐年上升，由 2005 年的 64.95%上升到 2007 年的 74.30%。化工行业是氨氮的主要排放行业，占工业企业氨氮总排放量的 40%以上，其次为造纸、食品加工、纺织、黑色冶金、石化和食品制造等行业，这七个行业的氨氮排放量占工业企业排放量的 75%以上。具有高氨氮废水排放问题的工业部门主要有炼油、化肥、无机化工、农药、铁合金、玻璃制造、食品和饲料生产等。此外，养殖场排出的废水和垃圾填埋场产生的垃圾渗滤液等废水中氨氮的含量也很高。

氨氮排放量居前 10 位的省份依次为广东、湖南、河南、山东、江苏、湖北、辽宁、广西、河北和四川。这 10 个省的氨氮排放量为 77 万 t，占全国氨氮排放量的 58%。工业氨氮排放量居前 10 位的省份分别是湖南、河南、广西、河北、浙江、安徽、山东、湖北、四川、江苏，这 10 个省的工业氨氮排放量为 23 万 t，占全国工业氨氮排放总量的 67%。城镇生活氨氮排放量居前 10 位的省份分别是广东、湖南、江苏、辽宁、山东、河南、湖北、四川、黑龙江、河北，这 10 个省的城镇生活氨氮排放量为 57 万 t，占全国城镇生活氨氮排放总量的 58%。

根据 2007 年《中国环境统计年报》，2007 年，工业氨氮净排放量为 34.1 万 t，去除量为 51.8 万 t，去除率为 60.3%，比工业 COD 去除率低 10 个百分点；生活氨氮排放量为 98.3 万 t，去除率仅为 26.1%，比城镇生活 COD 去除率低 13 个百分点。根据主要氨氮产生排放行业氨氮去除率的分析，除石化行业去除率超过 90%外，其他行业均有提升潜力。其中，化工、造纸、食品加工和纺织业合计氨氮排放量占所有重点工业企业排放量的 65%左右。吹脱法是处理高浓度氨氮废水的主要工艺，吹脱法分为空气吹脱法和蒸汽吹脱法，具有工艺成熟、吹脱效率高、运行稳定的优点，但存在动力消耗大，塔壁易结垢，在寒冷季节效率会降低等缺点。炼钢、石油化工、化肥、有机化工、有色金属冶炼等行业的高浓度废水则常采用蒸汽吹脱法。对于中高浓度的氨氮废水常选用空气吹脱法和化学沉淀法进行去除。

从目前来看，标准对氨氮的排放要求显得过松；按生产规模分别规定排放限值，不利于产业结构调整和企业公平竞争；标准中现有源限值与环境功能区对应，不符合当前污染物排放标准的总体思路。另外，标准的实施不力。我国目前有 26 个现行水污染物排放标准对氨氮的排放规定了控制标准值，根据其制定工作思路和标准的框架结构，可以分成 3 个阶段。①1990 年代以前发布的排放标准，以《污水综合排放标准》、合成氨、纺织染整、钢铁、肉类加工工业排放标准等为代表。这类标准的主要特点是污染物排放标准分级与受纳水体的水质类别关系非常密切；②2002—2006 年发布的标准，以味精、柠檬酸和啤酒等工业污染物排放标准为代表，这类标准的主要特点是污染物排放标准与受纳水体的水质类别无关，同一行业的所有企业均执行统一的排放标准；③2008 年发布的排放标准，包括制浆造纸、制药、制糖、电镀等工业的水污染物排放标准，与以往发布实施的标准不同的地方在于，这类标准针对需要采取特别保护措施地区环境保护的需要，增设了水污染物特别排放限值。此外，我国已有 11 个省（市）制定了 25 个地方水污染物排放标准。总体来说，我国目前现行国家和地方有关氨氮的排放标准中，发布年代较早的标准，其氨氮控制要求也许已不能满足当地目前的环境管理工作要求；而最近几年发布的地方标准基本可以满足当地的环境管理工作要求。

由于我国进水水量变化大、工业废水影响、进水 SS 浓度高等因素，我国污水处理工艺氨氮去除效果不理想。我国绝大部分污水处理厂缺乏控制氨氮的有效手段，硝化效果的有无很大程度上是依赖于自然界春夏秋冬的自然更替，部分污水处理厂提高硝化的效果仅仅是简单地减少排泥或者增加曝气量，远远没有达到优化运行的效果。一些老的污水处理厂在建设之初没有考虑硝化的功能，只有简单的 COD 去除功能，污水处理厂的出水氨氮较高。这些污水处理厂的曝气池容积较小，达不到硝化所需要的泥龄要求；沉淀池容积偏小，无法适应硝化所需要的高污泥浓度；曝气设备的能力较低，达不到硝化所需的供氧量。这些方面都是制约氨氮控制的主要原因。

需要密切注意脱氮要求对污水处理设施升级改造的影响。①传统生物脱氮方法中，硝化菌群增殖速度慢且难以维持较高的生物浓度，特别是在低温的冬季，造成系统总水力停留时间长，有机负荷较低，增加了基建投资和运行费用；②反硝化过程是在好氧条件下完成的，需要大量的能耗（氨氮的氧当量是 4.57g），反硝化过程需要一定的有机物，废水中的 COD 经过曝气有一大部分被去除，因此反硝化时往往要另外加入碳源（如甲醇）；③系统为维持较高的生物浓度及获得良好的脱氮效果，必须同时进行污泥回流和硝化液回流，增加了动力消耗和运行费用；④抗冲击能力弱，高浓度氨氮和亚硝酸盐进水会抑制硝化菌的生长；⑤为中和硝化过程产生的酸度，需要加碱中和，增加了处理费用。

目前，国内外对氨氮废水实际处理中应用较成熟、较广泛的生物处理方法是传统的前置反硝化生物脱氮，如 A/O、A^2/O 工艺等，两种工艺的氨氮去除效率分别达到 70%～80%和 90%以上，同时对污水中 COD 也能在一定程度上进行处理。折点氯化法处理效率可达到 90%～100%，处理效果稳定，不受水温影响，但运行费用高，副产物氯胺和氯代有机物会造成二次污染。目前折点氯化法只能应用于氨氮废水的后续处理，以及给水处理或饮用水处理。离子交换法实际上是利用不溶性离子化合物（离子交换剂）上的可交换离子与溶液 NH_4^+发生交换反应，从而将废水中的 NH_4^+牢固地吸附在离子交换剂表面，达到脱除氨氮的目的。但由于运行费用高，离子交换法仅限于处理较低浓度的氨氮废水。

近些年来，国内外针对氨氮废水处理的新技术研发主要集中在生物处理领域，逐渐发展起来的新工艺主要有：短程硝化反硝化、厌氧氨氧化、氧限制自养硝化反硝化、好氧反硝化等。生物脱氮新工艺处理高浓度氨氮废水效率比较高，但它们的工艺条件要求严格，特别是对溶解氧的要求更为严格，在实际应用中难控制。

5.5.5 启动非点源污染控制

（1）农村生活污水治理。选取规模较大、地处湖泊等封闭式水体汇水范围内或者当地丰水期水环境问题突出的村庄实施农村环境综合整治工程，农村生活污水以分散治理为主，农村生活垃圾以集中处理为主。“十二五”实施综合整治的村庄 20 000 个（“十一五”综合整治 10 000 个），占全国农村总数的 3%左右。废水治理设施尽可能选择投资小、运行费用低、管理简单的工艺，对于出水水质只做监测，不做硬性要求。生活垃圾转运站及车辆由县级政府统一安排，国家和省级发改和财政部门需列专项资金支持本项工作的进行。

（2）畜禽养殖污染治理。总结畜禽养殖企业的试点示范经验，推广清洁生产技术，减少用水量，实现粪尿分离收集，综合利用。规模化畜禽养殖企业，参照点源进行管理，以达标排放为目标，废水达标率不低于 80%。中小型畜禽养殖企业，以综合利用为主要措施，综合治理率不低于 50%。

（3）农业面源治理。农业面源污染治理与农业节水相结合，减少化肥流失及入河。在重点湖泊周边地区推行种植结构调整。通过科学测土施肥，减少化肥施用量。与 2010 年相比，全国化肥施用量减少 5%，将水资源丰富地区和封闭式水体的汇水区域作为本项工作的重点。研究并制定相关的激励政策和补偿政策，避免农民因减施造成的损失。

测算需要投资约 350 亿元，其中农村综合整治投资约 200 亿元，畜禽养殖污染治理投资约 100 亿元，农业面源污染治理投资约 50 亿元。

5.5.6 监管体系建设

从国家水质监控系统、污染源监控系统、水污染预警系统 3 个方面提高国家水环境监控技术水平，建立点面结合的排污监控体系和长短结合的污染预警体系。以提高监管能力，落实政府水环境目标责任制，建立整体覆盖、科学布局的国家水环境监管体系。

（1）排污口监测。完善排污单位的排污口监测体系，协调水利部门入河排污口的监控体系，建立从污染源到入河排污口的污染排放综合监控体系。

（2）水质监测。对现有 759 个国控断面进行优化调整，大幅度提高重要江河源头、大江大河一级支流入江（河）口、跨省界水体、重要城市饮用水水源地等的国控监测能力，国控断面（点）增加到约 2 000 个。

（3）目标考核。以目标责任制的评估考核为目的，建立监控断面的评估考核体系。以跨界断面、重要饮用水水源地断面为重点考核对象，形成国家考核网络。

第6章

大气环境保护

6.1 大气环境形势分析

"十一五"期间，在 SO_2 减排工作的带动下，我国煤烟型大气污染加重的趋势得到了初步遏制，城市空气中 SO_2、可吸入颗粒物浓度有所降低，但 2008 年仍有 1/4 城市空气质量达不到国家二级标准；且由于 NO_x 排放量的持续增长，以长三角、珠三角、京津冀等城市群区域为典型代表的中东部地区出现了煤烟型与氧化型污染共存的复合型大气污染，呈现出局地污染和区域污染相叠加、污染物之间相互耦合的特征，区域性污染呈加重趋势，光化学烟雾、大气灰霾频繁发生，酸沉降污染依然严重。大气环境形势总体上进入了多物种共存、多污染源叠加、多尺度关联、多过程演化、多介质影响为特征的复合型大气污染阶段。

6.1.1 大气环境质量：常规污染尚未得到有效解决，区域性大气复合污染呈加重趋势

（1）一次污染物浓度虽明显下降，但依然维持在较高水平。"十一五"以来，各地以 SO_2 减排为重点，积极进行燃煤电厂烟气脱硫，关停淘汰火电、钢铁、水泥等行业落后产能，拆除、改造中小型燃煤锅炉，使城市空气中 SO_2 和可吸入颗粒物（PM_{10}）浓度明显降低。2008 年，全国 519 个城市中空气质量达到国家二级标准及以上的比例由 2005 年的 60.3%提高到 76.8%（但超标城市人口比例为 36.1%），劣于三级的城市比例由 2005 年的 10.6%降至 1.4%；城市 SO_2 年均浓度较 2005 年下降 13.3%，PM_{10} 年均浓度较 2005 年下降 14.9%，NO_2 年均浓度未发生明显变化。2008 年，95.6%的环保重点城市空气质量优良天数超过 292 天，超过"十一五"规划目标 20.6 个百分点。虽然我国城市空气中 SO_2、PM_{10} 浓度均较 2005 年明显降低，但仍为欧美发达国家的 2～4 倍。113 个环保重点城市超标比例 42.5%，且没有一个一级城市（含三亚）。

- ❖ 可吸入颗粒物是城市空气污染的首要污染物：2008 年，全国有 23.2%的城市空气质量未达到国家二级标准，可吸入颗粒物是造成空气质量超标的最重要因素。324 个地级及以上城市中，可吸入颗粒物年均浓度超过二级标准的城市占 18.5%，其中劣于三级标准的占 0.6%。内蒙古、陕西、甘肃、新疆、山东、江苏、湖北和湖南 8 省区参加统计的地级城市中 PM_{10} 未达到二级标准的比例超过 20%。不分地域，各大城市的 PM_{10} 污染普遍都很严重。重点城市 89.8%的污染天数中首要污染物都是可吸入颗粒物。
- ❖ 仍有相当数量的城市 SO_2 浓度超标：2008 年，地级及以上城市中仍有 14.8%的城市 SO_2 年均浓度未达到国家二级标准，其中内蒙古、河北、山东、山西、四川、贵州和湖南超标城市比例超过 20%。113 个重点城市中 SO_2 年均浓度为三级和劣三级的城市比例分别为 23.0%和 0.9%，首要污染物为 SO_2 的污染天数占全部污染天数的 9.6%。

❖ 部分城市 NO_2 污染严重：2000 年国家环境空气质量标准将 NO_2 浓度限值放宽以后，所有统计城市的 NO_2 浓度均未超过国家二级标准。但新标准中 NO_2 的年均浓度值（0.08 mg/m^3）是世界卫生组织（WHO）最近提出的推荐标准值（0.04 mg/m^3）的 2 倍。卫星遥感资料显示我国 NO_2 浓度迅速增长，在各国对流层 NO_2 浓度普遍降低的情况下，我国长三角和珠三角地区 NO_2 浓度增长显著，达 40%以上；而北京到上海之间的工业密集地区已成为世界上对流层 NO_2 污染最为严重的地区。

（2）酸雨污染仍然严重，NO_x 贡献逐渐增大。2005—2008 年，全国开展降水监测城市的降水 pH 年均值介于 5.02～5.05，基本保持稳定，其中 SO_2 控制区内降水酸度略有降低。可比城市中，降水 pH 年均值低于 5.6 的城市由 2005 年的 178 个减少到 2008 年的 171 个，重酸雨城市数（降水 pH 年均值低于 4.5）由 37 个增加到 40 个。2008 年酸雨面积约为 140 万 km^2，重酸雨发生面积 60 万 km^2，与 2005 年基本持平。酸雨区域依然集中分布于长江以南，四川、云南以东地区，包括浙江、福建、江西、湖南、重庆的大部分地区以及长江三角洲、珠江三角洲等经济发达地区。

随着电厂 SO_2 排放量的大幅度削减和 NO_x 排放量的持续增长，NO_x 对酸雨的贡献逐渐增大，降水中硝酸根与硫酸根离子当量浓度比值已由 2005 年的 0.21 升高到 2008 年的 0.26，酸雨类型逐渐由硫酸型向硫酸和硝酸混合型转变。全国硫沉降强度（以 SO_4^{2-}计）总体降低，由 2005 年的 9.8 t/（km^2・a）减少到 2008 年的 9.1 t/（km^2・a），而氮沉降强度（以 NO_3^-计）明显增大，由 2005 年的 2.58 t/（km^2・a）增长到 2008 年的 3.03 t/（km^2・a）。

（3）区域复合污染呈蔓延趋势，臭氧和细粒子污染日趋严重。目前细颗粒和臭氧已成为我国东部城市空气污染的突出问题。空气中直径小于或等于 2.5 μm 的细颗粒物（$PM_{2.5}$）、臭氧以及挥发性有机物等污染物相互耦合，经过二次反应后形成高浓度细粒子污染，造成空气能见度降低、地面臭氧浓度升高、大气氧化性增强，已成为产生灰霾、光化学烟雾的主要原因，并对人体健康产生危害。根据监测试点城市数据，2006 年和 2007 年上海市出现灰霾的天数分别为 167 天和 143 天，分别占全年天数的 45.6%和 39.1%；2008 年深圳、广州和天津市出现灰霾的天数分别为 154 天、110 天和 81 天，分别占全年大数的 42.1%、30.1%和 22.1%。2008 年全国臭氧监测试点的 7 个城市（北京、上海、天津、重庆、沈阳、青岛、广州，共 18 个监测点位）均有不同程度的超标，大部分测点超标情况多出现在 4—9 月，其中广州市万顷沙和上海青浦淀山点位超标天数最多，全年分别超标 78 天和 69 天，万顷沙点位 9—10 月超标天数甚至超过 50%。根据 2008 年数据分析，API 评级指标中加入臭氧后，城市空气质量优良天数广州减少 75 天，上海减少 29 天，北京减少 14 天，天津减少 13 天。

（4）有毒有害废气污染对公众健康影响不容忽视。有毒有害废气污染具有行业、地区高度集中的特点，重化工业特别是冶金、焦化、石化集中的地区极易发生突发性环境事故。这些工厂排放的污染物如苯系物、二噁英、重金属等多具有致癌、致畸、致突变或毒害作用，严重危害当地人民群众的身体健康。近年来，重化工业快速发展，结构性污染进一步突出，工业污染出现了由大中城市向小城镇和农村转移的趋势，涌现出一批工业园区，加剧了局部地区的环境质量恶化，如不高度重视，极易引发重大环境污染事件。

（5）大气污染控制面临着巨大的国际压力。酸雨、细颗粒物等大气污染物的跨界输送给我国的环境外交带来了巨大的压力。同时，温室气体和汞污染也成为国际社会关注的焦点，已经或将要成为国际公约控制的对象。当前我国温室气体和汞排放量持续升高，汞排放量已位居全球第一，占全球排放总量的 1/3；CO_2 排放量仅次于美国，位居全球第二。随着国际社会对温室气体排放和汞等大气污染物控制的逐步加强，将对我国大气环境保护、经济发展乃至国际形象产生重大影响。

6.1.2 大气环境保护存在的主要问题

（1）空气质量影响因素复杂，“十一五”单一污染物的控制途径无法根本改善环境质量。“十一五”期间我国仅将 SO_2 作为约束性指标，使得以 NO_x 为代表的其他大气污染物排放量呈持续增长态势，对城市和区域空气污染贡献逐渐增大，部分地区光化学烟雾和灰霾问题突出，空气污染呈现明显的局地污染和区域污染相叠加、多种污染物相耦合的复合型污染特征。由于大气环境问题的复杂性，要有效改善环境质量，必须以细颗粒和臭氧污染控制为核心，对工业、机动车、民用锅炉等多种污染源进行综合控制，实施 PM、SO_2、NO_x、VOCs 等多种污染物协同控制措施。

（2）区域性污染问题日渐突出并呈蔓延趋势，城市污染治理各自为政收效甚微。目前我国区域性大气污染问题日益显著。长三角、珠三角和京津冀三大城市群占全国 6.3%的国土面积，消耗了全国 40%的煤炭、生产了 50%的钢铁，大气污染物排放集中，重污染天气在区域内大范围同时出现，呈现明显的区域性特征。在辽宁中部城市群、湖南长株潭地区以及成渝地区等城市密度大、能源消费集中的区域也出现了区域性大气污染问题。但目前城市大气污染治理“各自为政”，尚未建立有效的区域空气联防联控机制，难以从根本上解决区域和城市的大气环境问题。

（3）现行的空气质量评价体系难以客观反映环境污染水平。我国目前的空气质量评价指标仅包括 SO_2、NO_2 和可吸入颗粒物三项污染物，与灰霾和光化学烟雾污染密切相关的细颗粒物（$PM_{2.5}$）和臭氧等指标并未包含在内。现行的空气质量标准也已使用 10 年以上，与美国及世界卫生组织标准相比存在“标准修订频率低、污染指标不完善、限值总体偏低”等多方面不足，如臭氧标准方面，我国标准过于宽松，只有 1 小时标准，而世界卫生组织、美国、欧盟均制定了 8 小时的质量标准；在细粒子标准方面，我国仅有 PM_{10} 标准，无 $PM_{2.5}$ 标准；在 NO_2 标准方面，浓度限值偏低。目前的空气质量评价体系已不能全面、客观地反映空气污染水平，评价结论往往与公众直观感受存在较大差距。“十二五”应针对我国当前的大气污染特征，完善空气质量评价标准体系，增加臭氧、细颗粒物等指标，研究制定 $PM_{2.5}$ 环境质量标准和 8 小时臭氧环境质量标准，更加客观地反映空气质量。

6.2 指导思想与目标指标

6.2.1 指导思想

以科学发展观为指导，围绕全面建设小康社会的环境要求，以改善大气环境质量和保护公众身体健康为目标，以主要污染物总量控制为手段，以区域大气污染防治和重点行业污染控制为重点，通过建立全面客观反映环境空气质量的标准体系，推进多污染物综合控制，实现大气环境质量的持续改善。

6.2.2 基本原则

（1）科学决策、统筹协调。围绕大气环境质量改善目标，理顺“排放大户”与“污染大户”的关系，建立科学合理的污染减排体系，充分体现行业间、区域间污染减排的公平性，通过有限的减排量实现“环境效益最大化”。

（2）整体推进、重点突破。坚持统筹协调，采取多污染物综合控制和多污染源协同减排措施，实现大气环境质量的持续改善。对 SO_2、NO_x 等区域性大气污染的关键污染物，实施全面或行业总量控制。对重度大气污染城市和重点污染区域，集中力量率先突破，基本消除严重污染地区。

（3）完善机制，强化调控。强化政府在大气环境保护方面的主导作用，明确职责，落实分级目标、任务，建立健全考核机制。积极推进市场经济政策，合理有效配置公共资源，促进社会经济环境协调发展。

6.2.3 规划目标

继续削减 SO_2 排放总量，全面加强 NO_x 污染防治，深化尘污染减排，形成以质量改善为核心的多污染物综合防治体系。到 2015 年，城市和区域空气质量得到明显改善，城市人口生活在二级及以上国家环境空气质量标准的人口比例达到 80%以上（目前全国城市人口生活在劣二类的比例为 36.1%，100 万以上城市超标人口达 45.1%）；酸沉降强度显著降低，重度酸沉降区面积不断减少。到 2020 年，建立健全大气复合污染的综合防治体系，城市人口生活在二级及以上国家环境空气质量标准的人口比例达到 90%以上；基本消除重度酸沉降区域，致酸物质硫、氮沉降基本达到临界负荷要求。

［注：“十二五”消除劣三类重度大气污染城市可能性很小，目前全国虽仅有新疆的阿图什、米泉、和田、吐鲁番、乌鲁木齐和青海的大通以及贵州的凯里 7 个城市空气质量为劣三级。但除了新疆乌鲁木齐和贵州凯里外，其他西北城市的主要污染原因是受沙尘暴和大风沙尘天气自然因素影响，造成颗粒物（PM_{10} 和 TSP 指标）超标和平均浓度过高，同时这些城市的 SO_2 和 NO_2 等人为影响污染物浓度指标都未超标并处于优良水平。］

6.2.4 控制指标

至 2015 年，全国 SO_2 排放总量比 2010 年（2 250 万 t）减少 5%，控制在 2 140 万 t 左右，火电行业 SO_2 排放总量控制在 850 万 t 以内；NO_x 排放总量有所降低，电力行业 NO_x 排放总量比 2010 年减少 50 万 t；80%以上的城市人口生活在国家环境空气质量二级标准的环境。

至 2020 年，主要大气污染物排放得到进一步削减，城市人口生活在二级及以上国家环境空气质量标准的人口比例达到 90%以上，基本消除重度酸沉降区域。

6.3 防治思路

6.3.1 防治策略

基于我国大气环境呈现出煤烟型与氧化型污染共存、局地污染和区域污染相叠加、污染物之间相互耦合的复合型大气污染特征，“十二五”大气污染防治规划要形成基于环境影响的大气污染综合防治思路。具体为：

（1）多污染物综合控制。以保护人体健康和生态环境为核心，构建系统、科学的空气质量标准体系和排放标准体系，推动从单一污染物治理向以臭氧和细粒子为核心的多污染物综合控制转变，实现多种污染物的协同有效控制。

在多污染物协同控制的策略下，对酸沉降、臭氧、细粒子、重金属等各种相关的大气环境问题进行整体考虑，研究制定有效多污染物综合减排方案。全面开展对 SO_2、NO_x、尘排放的控制，重视挥发性有机物、氨、有毒有害物质控制，兼顾 CO_2、汞等全球性污染物的协同减排，建立健全相应的多污染物减排法规、政策、技术和监管机制。

（2）多污染源协同减排。从注重重点行业总量削减向全面减排转变，对电力、钢铁、有色金属、石化、建材等重点行业实施主要大气污染物排放总量控制，强化机动车排放管理，兼顾工业锅炉等其他燃煤源、农业面源和无组织排放的污染治理，实现多种大气污染源的综合整治。

（3）多尺度防治全面推进。

- ❖ 推进区域大气污染防治：不同环境问题的“污染尺度”决定了分区域控制策略。依据大气污染特征和气象条件，划分全国大气复合污染重点控制区，打破地区行政界线，深化交流合作。在北京及周边省市、长江三角洲、珠江三角洲等经济快速发展的重点城市群地区，建立区域大气质量管理协调机制和机构，以区域整体空气质量改善为目标，推动从单一城市大气污染治理向区域联合减排转变，实现重点区域复合污染的联合控制。
- ❖ 消除局地性重度大气污染：在局地性污染严重的城市，深化产业结构调整和能源结构调整力度，基于环境影响优化工业布局，重度大气污染城市实行建设项目环境影响评价阶段性区域限批，推动局地性污染综合整治。

❖ 兼顾农村大气污染防治：加强农村大气环境质量监测，重点加强发达地区农村可吸入颗粒物等污染治理，结合区域污染防治工作，将农村治理纳入管理体系中。

6.3.2 技术路线

基于上述分析，我国“十二五”大气污染物控制的重点为 SO_2、NO_x 和尘，同时兼顾 VOCs、汞、有毒有害物质和 CO_2 的协同减排。防治的重点地区应以空气质量超标进行界定，可确定为一次污染严重的重点城市和区域性复合污染严重的重点区域。

（1）可吸入颗粒物。

❖ 总体判断：可吸入颗粒物仍是我国城市空气污染的首要污染物；可吸入颗粒物是综合性污染物，既有烟粉尘和扬尘一次污染物，也有 SO_2、NO_x 等污染物转化生成的二次污染物，除个别地区（如北京、上海等）外，其他城市可吸入颗粒物仍以一次污染为主。

❖ 技术路线：“十二五”我国必须全面加强尘（包括烟尘、工业粉尘和扬尘）的排放控制，坚决不能放松；且由于尘污染是局地性污染，主要由地方提出明确的减排要求；同时，通过电力行业 SO_2 和 NO_x 的总量控制实现 $PM_{2.5}$ 的协同减排；对于电力行业实现除尘革命，普遍采用布袋除尘器或电-袋复合除尘器等高效除尘设施。

（2）SO_2。

❖ 总体判断：经过“十一五”的大规模减排，截至目前 SO_2 排放总量削减已远非 8.95%，还消除了过去统计中的大量泡沫，因此城市 SO_2 浓度和酸雨中硫酸根离子浓度都有了明显降低（城市 SO_2 优于二级标准的比例由 2005 年的 77.4%提高到 2008 年的 86.2%；硫酸根离子平均浓度较 2005 年下降 5%），但由 SO_2 造成的系列污染依然严重。因此，SO_2 减排仍然任重道远，“十二五”我国 SO_2 控制应步入精细化管理和深化减排阶段，除继续加强工程减排外，在“十二五”必须重视管理减排问题，切实提高已建脱硫设施的运行效率。

❖ 技术路线：继续分区域、分行业实施全国 SO_2 排放总量控制（原因：①SO_2 排放量巨大且新增量压力很大；②SO_2 仍是全国性环境问题，主要表现为目前酸雨污染仍是以硫酸型为主，且地级及以上城市中仍有 14.8%的城市 SO_2 年均浓度未达到国家二级标准）；从减排潜力和污染影响来看，要走电力行业与非电行业全面减排的技术路线；从行业来看，电力行业以工程减排和管理减排为主，除对未上脱硫设施的电厂要求建设脱硫设施外，要全面加强现有脱硫设施的稳定运行和高效管理；工业锅炉走结构升级技术路线，以加强集中供热作为主要手段，提高锅炉吨位，加大小锅炉的淘汰，对大吨位锅炉要求因地制宜建设脱硫设施；继续淘汰水泥、钢铁、有色金属等行业的落后产能，严格控制新增产能，加大钢铁烧结烟气脱硫力度。

（3）NO_x。

❖ 总体判断：我国 NO_x 排放量呈持续快速增长趋势，目前排放量在 1 700 ~ 2 300 万 t；NO_x 造成的污染呈加重趋势（表现为：硝酸根离子平均浓度较 2005 年增长了 24%，硝酸根与硫酸根离子当量浓度比值由 0.21 升高到 0.26；北京到上海之间的工业密集地区已成为世界上对流层 NO_2 污染最为严重的地区）；NO_x 活性高、氧化性强，是造成我国复合型大气污染的关键污染物，抓住了 NO_x 的控制，也就抓住了复合型污染的"牛鼻子"；从地域来看，NO_x 污染主要集中在东部地区，并非全国性污染。由此判断，我国 NO_x 控制必须全面加强，应进入基于环境影响的大规模减排阶段，但因其影响特征又不适宜于采取全国总量控制路线。

❖ 技术路线：走重点行业加重点区域控制的技术路线，形成防治火电行业排放为核心的工业 NO_x 防治和以防治机动车排放为核心的城市 NO_x 防治体系，重点行业为电力行业和机动车，重点区域主要为珠三角、长三角、京津冀以及辽宁中部城市群、山东半岛、成渝等地区；从行业控制来看，电力行业在充分考虑区域差异性的基础上走总量控制技术路线，重点控制酸雨污染，普遍推进低氮燃烧技术，新、扩、改建机组普遍配置烟气脱硝设施，复合型污染重点区域逐步实施现役机组脱硝改造；全面推进机动车污染控制，有效控制臭氧污染，"十二五"在全国范围内推行国Ⅳ标准，在重点区域先行推行国Ⅴ标准；对于重点区域，电力行业在采取低氮燃烧的基础上基本全部建设脱硝设施，非电工业推广使用低氮燃烧技术，同时加强 VOCs 的协同减排。

（4）有毒有害废气。

❖ 总体判断：有毒有害废气对人体健康与生态环境产生严重危害，大气中汞、二噁英和苯并(*a*)芘等有毒有害物质的环境污染问题在我国日益突出；我国人为源大气汞排放量巨大，2003 年为 696 t，占全球排放总量的 1/3，汞减排压力巨大；燃煤和有色金属冶炼为我国大气汞排放的最大人为来源，占 80%；典型地区大气汞污染问题突出，北京、长春、沈阳、上海、贵阳、重庆、兰州等城市大气汞污染严重。

❖ 技术路线：以保护人体健康和生态环境为目标，要求地方普遍加强基础能力建设，编制有毒有害物质排放清单，制定有毒有害污染事故应急程序；在重点地区先行实施控制措施；重点关注大气汞、苯系物、二噁英等物质控制，特别是大气汞的协同控制。大气汞防治以协同减排为主要手段，重点控制火电和锌冶炼行业汞排放，因地制宜地实施汞污染控制，到 2015 年初步建立大气汞污染防治体系，城市汞空气质量有所改善。

（5）区域联防联控。

❖ 总体判断：城市群区域性复合污染态势显现，长三角、珠三角、京津冀以及辽中、中原、川渝等城市群大气污染呈现出明显的区域性污染特征，表现为区域效应非常明显，污染同步性强；区域复合污染呈蔓延趋势，无论是面积还是污染程度都在呈加重趋势；重点区域污染社会经济影响巨大，三大重点区域占国土面积 1/10，承载人口达 1/3，创造 GDP 达 1/2。因此，在“十二五”必须给予高度关注，避免区域环境进一步恶化。

❖ 技术路线：基于大气环流、污染特征、经济特征等，划分重点区域；建立我国区域大气污染防治联防联控机制，形成我国区域协调联席会议制度；编制重点区域大气污染防治综合规划；建立区域统一监测网络体系。

6.4 主要任务

6.4.1 优先解决首要的颗粒物超标问题

6.4.1.1 控制的必要性

（1）可吸入颗粒物（PM_{10}）是城市空气质量首要污染物。全国城市空气质量达标率自 2005 年逐年提高，空气质量显著改善。2008 年，城市空气质量超过国家二级标准的比例占 23.2%。其中，可吸入颗粒物是造成城市空气质量超标的最重要因素。2008 年可吸入颗粒物年均浓度超过二级标准的城市占 18.5%，其中达到三级标准的城市占 17.9%，劣于三级标准的占 0.6%。山东、陕西、新疆、内蒙古、湖北、江苏、甘肃、湖南 8 省区参加统计的地级城市中 PM_{10} 未达到二级标准的比例超过 20%。

重点城市大多数污染天数中的首要污染物是可吸入颗粒物。在 113 个环保重点城市中，可吸入颗粒物作为首要污染物的比例相对稳定，且居高不下。2008 年，污染天数中可吸入颗粒物作为首要污染物的比例占 89.6%。

（2）尘的来源复杂，年排放量大，生命周期长。污染源一般可分为三大类。第一类是点源，包括电力、锅炉、非金属矿物制品业、冶金等行业，主要来自工业行业固定源的排放；第二类是面源，包括炉窑灶和居民面源；第三类是无组织源，包括工业工艺无组织排放、建筑施工扬尘、料堆扬尘、裸地扬尘、交通扬尘等。

根据统计，2001—2008 年，我国烟尘（包括工业和生活两部分，以下同）和工业粉尘的排放量均呈现逐年下降的趋势，但是排放量依然很大。2008 年，我国工业烟尘的排放量是 901.6 万 t，其中工业烟尘排放量为 670.7 万 t，生活烟尘排放量为 230.9 万 t；工业粉尘排放量为 584.9 万 t。

2007 年工业行业烟尘排放量位于排名前三位的行业依次为电力业、非金属矿物制品业、黑色金属冶炼业。这三类行业占统计行业烟尘排放量的 68.1%，其中电力业占 42.7%。非金属矿物制品业和黑色金属冶炼业工业粉尘排放量占统计行业工业粉尘排放量的 86.0%。其中，非金属矿物制品业占 70.0%，黑色金属冶炼业占 16.0%。

（3）细颗粒物（$PM_{2.5}$）污染严重。中国城市细颗粒物污染十分严重，北方城市和区域（如北京及周边省市）颗粒物细粒子 $PM_{2.5}$ 质量浓度高达 0.08～0.10 mg/m^3，超过美国标准年均限值（0.015 mg/m^3）5～6 倍，南方城市和区域颗粒物细粒子 $PM_{2.5}$ 质量浓度高达 0.04～0.07mg/m^3，超过美国标准 2～4 倍。细颗粒物是造成我国大气霾和光化学烟雾污染的重要诱因。相关研究表明，细颗粒物是可吸入颗粒物的重要组成成分。目前，除少数试点试验城市外（如上海），绝大部分城市还未开展大气 $PM_{2.5}$ 的监测。

（4）未纳入环境统计的颗粒物排放量十分可观。燃料燃烧是大气中颗粒物的最重要来源之一。近年来，我国的能源消费量大幅提升，2007 年的能源消费总量（万吨标煤）为 26.56 亿 t，是 2005 年的 1.2 倍。由于颗粒物污染并不是“十一五”控制的重点，在全国电力行业、工业行业未采取大规模、革命性的减排措施情况下，理论上烟尘和工业粉尘排放量不会呈现明显的下降趋势。但是在环境统计中，2007 年我国的烟尘、工业粉尘排放量分别比 2005 年削减了 17%和 24%。其原因可能是环境统计的烟尘、工业粉尘的排放量与实际情况的差异太大。

根据调查，工业无组织源、扬尘的排放量十分可观。目前还未建立一套相对完善的工业无组织源和扬尘监控体系，这部分排放量还难以准确测算。因此，若考虑工业无组织源、扬尘的排放量，扬尘的排放总量将比环境统计数据高出很多。

6.4.1.2 技术路线与任务措施

目前，我国的尘的污染控制取得了一定的成效，但仍应常抓不懈。“十二五”期间尘污染防治的重点集中在工业锅炉、工业无组织排放和扬尘。

（1）深化电力行业烟尘控制。开展新一轮的除尘技术改造，引导静电除尘器向袋式除尘器的改造。新建机组推广使用高效的布袋除尘器，其排放控制在（标态）50 mg/m^3 以内（以煤矸石等为主要燃料除外）。重点加强北方城市和区域（如京津冀地区）电力行业烟尘的控制，要求除尘设施全部改为袋式除尘器。

（2）加强其他工业烟尘控制。继续抓好钢铁、工业锅炉等重点行业的烟尘控制。加快钢铁行业环保设施的建设，烧结机头的烟气处理优选电除尘或布袋除尘，其排放控制在（标态）50 mg/m^3；装煤、推焦、熄焦操作，以及焦炭的破碎、筛分、储运必须采取收尘措施，使用布袋除尘器或洗涤净化。原料采用密闭化运输系统，小型破碎系统安装简易除尘装置，出铁口安装密闭罩，定期对除尘设施进行维修，控制生产过程无组织扬尘。

燃煤及重油的锅炉进行除尘设备改造，改用静电、布袋等高效除尘设施，部分小锅炉更换为清洁燃料。

（3）水泥行业工业粉尘控制。淘汰落后工艺装备，进一步削减机立窑生产能力，新建项目采用新型干法技术。窑尾、窑头推广使用袋式除尘器，推进电除尘器向袋式除尘器的改造。生料磨、包装机、破碎机均安装布袋收尘器，原料的储存、均化和输送均采用密闭的料库、均化库、密闭式输送设备，以减少无组织粉尘的排放。

（4）有效抑制扬尘。有效抑制交通扬尘。加强道路保洁，增加清扫面积。改变清扫方式，发展使用真空吸尘式道路清洁器械。加强运输车辆的管理，采用密闭运输方式，减少抛撒滴漏。实施道路两侧地面的绿化、美化、固化、硬化措施，减少二次扬尘污染。

加强施工扬尘控制。重视对城市建筑、拆迁和市政施工的管理，加强煤堆、渣堆、料堆、灰堆防护，增加绿地面积。政府主管部门加大日常检查力度，制定有关的管理政策，有效控制扬尘污染。

制订有关控制扬尘污染的管理规定，将相应的防治措施和责任落实到不同的主管部门，赋予环境保护部门对之进行检查、监督并提出处罚意见的权力，实现治理扬尘有法可依。

（5）控制沙尘污染。沙尘暴对我国西北地区城市空气质量影响较大。进入 2000 年以来，我国沙尘天气发生次数较 20 世纪急剧增加。受沙尘影响，2006 年全国超标天数及重污染天数分别达到了 436 天次和 62 天次，2008 年分别为 283 天次和 34 天次。

注重实施生态建设工程，建设防风固沙林网、林带，增加河岸植被覆盖。加快城市综合整治，逐步消除城市内的裸露地面。将扬尘污染防治纳入园林绿化技术规范。

（6）制定 $PM_{2.5}$ 环境质量标准，建立长期监测。借鉴美国、欧盟公布的 $PM_{2.5}$ 的标准体系，研究我国 $PM_{2.5}$ 的污染现状，结合环境影响、健康影响分析及技术可行性，在科学和理性论证的基础上，制定 $PM_{2.5}$ 标准，为细颗粒物控制提供可参考法规依据。

“十二五”前期建设重污染区域的 $PM_{2.5}$ 试点监测点，并积累成功的经验。“十二五”后期，将 $PM_{2.5}$ 正式纳入环境监测体系，全国 113 个重点城市增加 $PM_{2.5}$ 监测项目，开展 $PM_{2.5}$ 的长期监测。

6.4.2 深化、优化持续抓好 SO_2 总量减排

6.4.2.1 污染问题与控制必要性

“十一五”以来，我国以燃煤电厂脱硫工程为重点，大力实施工业 SO_2 治理工程，淘汰火电、钢铁、水泥、焦化等落后产能，拆除、改造中小型燃煤锅炉，全国 SO_2 排放总量由 2005 年的 2 549.4 万 t 下降到了 2008 年的 2 321.2 万 t，削减了 8.95%；城市空气中 SO_2 浓度明显下降，降水中硫沉降强度有所降低。但是与电力行业相比，钢铁、水泥等非电力工业和中小型燃煤锅炉等对城市空气质量影响较大的污染源减排进展较慢，2008 年 324 个地级及以上城市中，还有 14.8%的城市 SO_2 年均浓度未

达到国家二级标准，城市 SO_2 浓度与欧美发达国家相比仍然较高；电力行业 SO_2 排放量虽然大幅度下降，但是与电厂 SO_2 排放相关的区域大气细颗粒物和酸沉降污染也还未明显改善，SO_2 减排仍然任重道远。

此外，我国工业结构仍然以重化工业为主导，钢铁、电力、水泥等行业的快速发展和煤炭消费量的持续增长将带来大量的污染物排放增量，对 SO_2 污染控制形成巨大压力。因此，“十二五”应进一步深化 SO_2 总量减排工作，控制污染物新增量、削减现有源排放量，巩固“十一五”污染控制成果，控制酸雨污染，逐步消除 SO_2 排放超标城市。

6.4.2.2 控制要求与目标可达性

总量控制目标：全国 SO_2 排放总量比 2010 年下降 5%，电力行业控制在 850 万 t 以内。

若“十二五”期间 GDP 增速 9%、单位 GDP 能耗下降 20%，假定 2010 年单位 GDP 能耗（以标煤计）1.04 t/万元，能源消费总量控制在 37.5 亿 t（煤炭占一次能源消费量比例 66%），计 2015 年全国煤炭消费总量为 35 亿 t 左右；其中，若发电用煤占 58%，则电煤消费量约为 20 亿 t。新增火电机组全部脱硫，非电力行业新增产能 SO_2 排放强度降低 20%，则 2011—2015 年 SO_2 排放增量约为 270 万 t（其中电力行业 150 万 t）。

表 6-1 2015 年 GDP 与能耗预测

情景方案	GDP 增速/%	GDP/亿元	能源消费量（以标煤计）/亿 t	煤炭消费量/亿 t	其中电煤/亿 t
低方案	8.5	52.99	36.7	33.9	19.7
基准方案	9.0	54.62	37.5	34.7	20.1
高方案	9.5	55.48	38.4	35.5	20.6

通过淘汰落后产能和实施火电燃煤锅炉、钢铁烧结烟气脱硫、其他工业锅炉脱硫等工程，共减排 SO_2 390 万 t（其中电力行业减排量 260 万 t，综合脱硫效率按 80% 测算），淘汰落后产能减排量占 46%；2015 年 SO_2 排放总量预计为 2 130 万 t（其中电力行业 850 万 t 以内），比 2010 年（2 250 万 t）下降 5%。要实现大于 5%的 SO_2 排放总量削减目标，除保证落后产能淘汰力度和新增脱硫设施建设以外，新增量控制和已有脱硫机组监管减排也十分关键。

“十二五”期间火电锅炉烟气脱硫设施建设（含新增机组 1.8 亿～2.3 亿 kW）需投资 500 亿～600 亿元，运行成本 80 亿～100 亿元/a；钢铁行业烧结烟气脱硫设施建设需投资 100 亿元，运行成本 10 亿元/a（不含新增产能）。

表 6-2　"十二五"期间新增量与减排量分析　　单位：万 t

情景方案	新增量	其中火电新增排放量	非电力	削减量	其中火电（不含监管减排）	非电力
低方案	230	130	100	390	260	130
基准方案	270	150	120			
高方案	310	160	150			

说明：（1）新增火电机组全部脱硫，非电力行业新增产能 SO_2 排放强度降低 20%；（2）"十二五" SO_2 总减排量 390 万 t，其中工程减排 210 万 t，结构减排 180 万 t。

表 6-3　"十二五" SO_2 总量控制目标可达性分析

		SO_2 排放量/万 t	削减比例/%	其中电力排放量/万 t	非电力排放量/万 t
2010 年		2 250	—	950	1 300
2015 年	低方案	2 090	7.1	820	1 270
	基准方案	2 130	5.3	840	1 290
	高方案	2 170	3.5	850	1 320

说明：若考虑 4.9 亿 kW 火电机组（2010 年年底所有脱硫机组）监管减排量（综合脱硫效率提高 5%），则电力行业将进一步减排 90 万 t，2015 年电力行业 SO_2 排放量为 730 万 ~ 760 万 t，全国 SO_2 排放总量为 2 000 万 ~ 2 080 万 t，比 2010 年削减 7.5% ~ 11%。要实现 SO_2 排放总量减排 10%的更高目标，必须提高已有脱硫设施脱硫效率。

（1）进一步加大电力行业减排力度。电力行业 SO_2 排放对于区域酸沉降和细颗粒物污染有重要影响，虽然"十一五"经过大规模的烟气脱硫工程建设，"十二五"减排潜力有限，但仍应继续加大 SO_2 减排力度，以工程减排和监管减排为重点，对于酸雨区和细颗粒物污染突出的地区要严格限制新增火电建设项目。

截至 2008 年年底，全国燃煤机组脱硫装机容量已达到 3.63 亿 kW，占火电机组总容量的 60.4%，电力行业 SO_2 排放量为 1 060 万 t。预计 2010 年，单机容量 20 万 kW 及以上的燃煤机组中尚有约 6 000 万 kW 未脱硫，除低硫煤地区的 1 000 万 kW 机组以外，其他机组若全部脱硫，需要投资约 140 亿元，运行成本 20 亿元/a，可形成 SO_2 削减能力约为 140 万 t/a（脱硫效率按 80%测算）；6 000 kW 至不足 20 万 kW 机组约有 1.0 亿 kW，扣除供热机组 5 800 万 kW，其他机组中若淘汰 70%（约 3 000 万 kW），可减排 $SO_2$120 万 t；电力行业 SO_2 减排潜力共 260 万 t。预计 2015 年全国燃煤机组装机容量将增长到 8.5 亿～9.0 亿 kW，新建的 1.8 亿～2.3 亿 kW 机组（含淘汰小火电替代部分）全部脱硫，将增加 SO_2 排放量为 130 万～160 万 t，新建机组脱硫工程需要投资为 360 亿～460 亿元，运行成本为 60 亿～80 亿元/a。

综合以上分析，若 2015 年燃煤机组装机容量不超过 9 亿 kW，且以上减排措施全部充分发挥作用，脱硫效率均按 80%测算，则火电行业 SO_2 排放总量可控制在 850 万 t 以内，新、老机组新建脱硫设施共需建设投资 500 亿～600 亿元，运行成本 80 亿～100 亿元/a。

此外，若考虑 4.9 亿 kW 火电机组（2010 年年底所有脱硫机组）监管减排量（综合脱硫效率提高 5%），则电力行业将进一步减排 90 万 t，2015 年电力行业 SO_2 排放量可控制在 750 万 t 左右。

（2）全面开展钢铁行业烧结烟气脱硫。钢铁行业是仅次于电力和非金属矿物制品业的 SO_2 排放大户，SO_2 排放主要来自自备电厂、烧结（球团）工序和焦化等生产环节，其中烧结（球团）工序的 SO_2 排放量约占 70%。由于产能迅速增长，且烧结烟气脱硫技术尚处于起步阶段，“十一五”钢铁行业的 SO_2 排放量未得到有效控制，2008 年 SO_2 排放总量为 160.7 万 t（含自备电厂排放量），比 2005 年增长了 18.5 万 t。随着城市化进程的加快，道路、桥梁、航空等基础设施建设将促使钢铁行业持续快速发展，成为 SO_2 排放新的增长点。“十二五”必须加大污染控制力度，严格控制新增产能，淘汰落后生产设备，重点实施烧结机烟气脱硫、焦炉煤气脱硫脱氰及煤气、蒸汽、余压回收利用等措施，有效减少 SO_2 排放。

2005 年，钢铁行业存在淘汰类的落后炼铁产能 1.14 亿 t、炼钢产能 7 778 万 t，到 2008 年，已累计淘汰落后炼铁能力 6 059 万 t、落后炼钢能力 4 347 万 t，减排 SO_2 约 32 万 t；根据国务院《钢铁产业调整和振兴规划》，到 2011 年年底前，还将继续淘汰落后炼铁产能 7 200 万 t、炼钢产能 2 500 万 t，“十二五”期间可再减排 SO_2 约 20 万 t。

钢铁行业烧结烟气成分复杂，包括粉尘、SO_2、NO_x、汞、氟化物、二噁英、重金属等多种污染物；烟气中的 SO_2 含量主要受原燃料硫分影响，吨烧结矿的 SO_2 产污系数为 0.6～8.5 kg，平均 SO_2 排放强度为 1.25 kg/t，高硫矿烧结烟气的减排潜力很大。目前我国烧结烟气脱硫技术尚处于起步阶段，投资和运行成本较大，副产物处置困难（脱硫石膏中含有二噁英、汞等毒性物质），已投运的脱硫设施运行效果尚有待检验，技术风险制约了烧结烟气脱硫工作的开展，仅有 16 台烧结烟气脱硫装置已建成投运，还有 30 多套脱硫设施在建。“十二五”应控制铁矿石和煤炭硫分，同时在评估已有脱硫设施运行效果的基础上，加大烧结烟气脱硫力度，对新建烧结（球团）设施必须同步建设烟气脱硫装置；现有企业中，使用高硫原料的烧结机、位于“两控区”及重点城市的 90 m^2 以上烧结机应限期安装烟气脱硫设施；鼓励采用能同时去除多种污染物的脱硫技术，脱硫副产物必须安全处置。目前全国有 90 m^2 以上烧结机约 200 台（占重点统计企业烧结矿产能的 76%），“十二五”期间新建约 100 套烧结烟气脱硫装置，需要投资 100 亿元，运行成本 10 亿元/a，可形成 SO_2 减排能力 35 万 t/a。

由于烟气脱硫装置运行成本较高，国家应出台相应的金融、财税、价格等鼓励政策，引导企业实施脱硫工程。

（3）其他重点行业加快淘汰落后生产工艺。2008 年，非金属矿物制品业、化工、有色金属冶炼、石油加工和炼焦业的 SO_2 排放量分别为 168.1 万 t、103.5 万 t、66.9 万 t 和 62.9 万 t，同样属于 SO_2 排放的重点行业。对于这些行业的 SO_2 排放控制，首先是严格执行国家产业政策，控制新增生产能力，加快淘汰落后生产工艺；对于有色金属冶炼和化工等行业，要实现达标排放，根据污染物排放标准和最佳实用技术，针对排放大源制定减排方案，实施烟气脱硫或尾气制酸，治理无组织排放。

"十二五"期间，水泥行业淘汰落后产能 5 亿 t，可减排 SO_2 约 30 万 t；有色金属冶炼行业淘汰铜冶炼产能 20 万 t、铅冶炼产能 40 万 t、锌冶炼产能 50 万 t，可减排 SO_2 约 10 万 t。

（4）加大燃煤锅炉改造力度。随着燃煤电厂的持续减排，供热和其他工业燃煤设施的 SO_2 排放问题将越来越突出，对空气质量的影响也更大。对于空气质量不达标城市，不仅要抓污染物总量减排，更要有针对性地进行低矮燃煤设施治理。因地制宜地发展以热定电的热电联产和集中供热，取代分散的中小型燃煤锅炉；推广使用清洁能源，优先使用电、气体燃料、低硫油、优质低硫煤、洗后动力煤或固硫型煤，积极发展清洁煤燃烧技术；未达到排放标准和总量控制要求的燃煤锅炉必须配套建设脱硫设施。

"十二五"期间，对 10%的非电燃煤锅炉（约 20 万 t/h）进行脱硫改造，可减排 $SO_2$35 万 t。

6.4.3 重点突破，实施 NO_x 污染防治

6.4.3.1 控制的必要性

（1）NO_x 排放量呈持续增长趋势。据相关研究估算，我国 1980 年 NO_x 排放量不到 500 万 t，1990 年约 850 万 t，2000 年将近 1 200 万 t，从 2006 年开始 NO_x 纳入环境统计，根据环境统计数据显示，2006 年 NO_x 排放量达到 1 524 万 t，2007 年 NO_x 排放量达到了 1 643 万 t，而研究人员认为 2007 年我国 NO_x 的实际排放量已经超过了 2 000 万 t，2008 年达到约 2 300 万 t，排放总量呈继续增加态势。中国 NO_x 排放发展趋势的情景分析也表明，随着中国人口的不断增加、国民经济的持续稳定增长和人民物质文化生活水平的不断提高，未来 30 年我国 NO_x 排放量将呈现持续增长的趋势。如果不采取进一步的控制措施，NO_x 排放量在 2020 年将超过 3 000 万 t。

我国 NO_x 排放量的行业分布、地区分布极其不平衡，电力行业，工业和交通运输业对 NO_x 排放量的贡献最大，2007 年环境统计结果显示分别占排放总量的 49.4%、27.4%和 16.8%，三者之和对中国 NO_x 排放总量的贡献率高达 90%以上，其中电力行业 NO_x 排放量约为 811 万 t，交通运输业排放的 NO_x 约 277 万 t。NO_x 的排放主要集中在人口密集、工业集中和经济发展较快的中东部地区。中东部地区的面积为 273.67 万 km^2，仅占国土面积的 28%，但 NO_x 的排放量超过 80%，2007 年中东部地区 NO_x 的单位排放强度为 4.51 t/km^2，是西部的 7.6 倍。排放大省包括广东、山东、河北、江苏和河南，这 5 个省的 NO_x 排放量均超过 100 万 t，5 个省的排放总量占全国排放量的 43.5%。

（2）NO_x 是导致我国复合型大气污染的关键污染物。NO_x 作为一次污染物本身会对人体健康产生危害，同时它的大气化学性质十分活泼，在一定条件下与大气中其他物质发生反应，生成硝酸根离子、臭氧和细颗粒物等多种二次污染物，导致酸沉降、近地面臭氧、区域灰霾、富营养化等二次污染问题，并将污染范围扩大到离

源排放较远的地区，它是导致我国大气复合型污染的关键污染物。

部分城市 NO_2 污染严重。2000 年以后，国家环境质量公报改报为 NO_2，新标准中 NO_2 的年均质量浓度平均值（0.08 mg/m^3）远高于世界卫生组织（WHO）最近提出的推荐标准值（0.04 mg/m^3）。执行新标准后，所有统计城市的 NO_2 质量浓度均未超过国家空气质量的二级标准，但北京、上海、广州、重庆等大城市 NO_2 的日均质量浓度有不同程度的超标现象。卫星遥感资料也显示我国 NO_2 质量浓度迅速增长，在各国对流层 NO_2 质量浓度普遍降低的情况下，我国长三角和珠三角地区 NO_2 质量浓度增长显著达 40%以上，而北京到上海之间的工业密集地区已成为世界上对流层 NO_2 污染最为严重的地区。

臭氧和光化学污染日益严重。NO_x 是生成臭氧的重要前体物之一，与城市臭氧质量浓度和光化学污染紧密相关。近些年，高质量浓度的臭氧污染频繁出现在北京、珠江三角洲及长江三角洲地区，呈现出明显的区域性大面积污染。2000 年，北京地区臭氧的最高小时均值高达 448 mg/m^3，超过国家二级标准 1 倍以上。2006 年珠江三角洲各城市臭氧平均质量浓度在 0.026～0.079 mg/m^3，部分城市点位超过国家二级标准限值，最高超标 1 倍以上。2008 年全国臭氧监测试点的 7 个城市（18 个监测点位）均有不同程度的超标。此外，近 10 年来，北京、上海、广州和深圳等城市频繁观测到光化学烟雾污染现象。

细粒子污染日趋凸显。NO_x 是城市细粒子的主要来源之一，NO 和 NO_2 在大气中反应生成亚微米的硝酸盐和硝酸气溶胶粒子，同时还存在通过增加大气氧化性间接生成二次有机和无机颗粒物的可能性，加重城市细粒子污染状况，导致城市霾的出现。近年来，北京、上海、广州、南京等城市大气灰霾现象日趋严重，而且常常大面积连续出现，呈现出明显的区域性特征，特别是珠江三角洲经济发达地区的大气能见度日趋下降，灰霾天数不断增加。2008 年全国灰霾监测试点地区监测结果显示，上海、深圳及广州灰霾天数均超过 100 天。其中深圳市出现霾的天数增速最为明显，1980 年代年平均约 6 天，1990 年代增加至 80 多天。进入 2001 年以来，年平均为 122 天，至 2008 年增至 154 天。

酸沉降污染仍然严重。NO_x 是导致我国酸沉降的重要因素之一，对降水酸度的贡献仅次于 SO_2。近些年。NO_x 对降水酸度影响日趋明显，降水中硝酸根与硫酸根当量浓度比值从 2005 年的 0.21 上升到 2008 年的 0.26，相关研究表明，2008 年我国实际 NO_x 排放量已超过 2 000 万 t，如不加以控制，将很快超过 SO_2 排放量，并有可能抵消 SO_2 减排带来的环境效果，使酸雨的恶化趋势得不到根本控制。

6.4.3.2 控制战略

综合分析我国 NO_x 污染的现状特征，我国 NO_x 控制应以保护人民群众身体健康、改善环境质量和保护生态环境为目标，以电力行业、移动源和工业行业三大重点源的治理为主要措施，采取总量控制及强化重点区域控制的方法，以抓好重点行业 NO_x 排放及解决区域性环境问题。电力排放导致“全国性的酸雨问题”，机动车尾气排放导致“区域性的臭氧问题”，因此应对电力实行全国范围控制、机动车实行重点区域控制。由于工业行业的控制基础薄弱，易采用最佳可行技术和逐步加严排放标准的策略。

6.4.3.3 技术路线与任务措施

（1）制定和完善环境质量标准，逐步加严排放标准。综合考虑酸雨、大气细粒子、能见度和近地面臭氧等多种环境效应，基于我国目前现有的经济技术水平，建立我国新的 NO_x 环境质量标准。组织力量开展全国臭氧污染状况的调查研究，制定8 小时臭氧环境质量标准，并尽快执行臭氧空气质量标准，将臭氧作为重点城市的常规监测指标，同时列为城市空气质量的考核指标。开展 NO_x 细粒子污染调查，制定 $PM_{2.5}$ 的参考限制指标，在重点区域列为考核指标。

根据各类污染源的排放特征、经济承受力及技术可行性，制定和完善有关 NO_x 的排放标准。

（2）强化重点区域 NO_x 控制。我国 NO_x 污染具有空间区域性的特征，尤其长三角、珠三角和京津冀地区等城市群光化学烟雾、颗粒物和酸沉降等污染问题十分突出，因此有必要着重加强这些地区 NO_x 污染的区域控制。为有效改善这些大城市的空气质量，在这些地区率先制定和实施区域 NO_x 污染控制的联动机制，各重点源施行分类和强化管理。

（3）严格控制火电厂 NO_x 排放，实施电力行业 NO_x 总量控制。我国在 SO_2 减排中采取总量控制的措施，取得了明显的社会和经济效果。然而总量控制是在受控污染源已经实现连续达标排放后，为降低全社会的污染控制成本，在不提高排放标准的前提下，寻求减少特定时间段内区域污染物排放总量以提高区域环境质量的污染控制政策。因此，我国在 NO_x 的控制上，应采取首先推进达标控制，在此基础上在重点行业逐步推进总量控制的策略。综合分析目前电力行业 NO_x 排放、环境影响、环境管理、治理技术等状况及国外经验，“十二五”期间应施行电力行业全国总量控制，同时重点控制 NO_x 环境影响较为严重的区域。

电力行业 NO_x 的总量控制致力于解决酸雨、臭氧及细粒子的污染问题，因此电力行业 NO_x 的控制目标应根据酸雨、臭氧及细粒子的控制要求、我国国民经济发展水平、污染治理水平来确定。

若新增火电机组全部采用低氮燃烧+烟气脱硝技术，其中 90%采用 LNB+SCR、10%采用 LNB+SNCR，则火电行业将新增 NO_x 排放量 130 万 t 左右。综合考虑削减措施后，2015 年全国电力行业 NO_x 排放总量比 2010 年减少 50 万 t。

表 6-4 “十二五”电力行业 NO_x 总量控制目标分析 单位：万 t

	NO_x 新增量	削减量	净减排量
低方案	120	190	70
基准方案	130		60
高方案	140		50

控制措施。关停 100MW 及以下燃煤凝汽机组，继续实施“上大压小”政策，新建电站机组单机容量应大于 60 万 kW 及热电联产集中供热机组容量大于 30 万 kW；对现役燃煤锅炉实施低 NO_x 燃烧技术改造，新增机组全面采用低 NO_x 燃烧技术；重点区域对电厂实施严格措施，加速淘汰高能耗小火电机组，2010 年后，新建机组将全部采用 SCR/SNCR 脱硝技术。2015 年年底前，重点区域现役机组完成脱硝改造。

“十二五”期间，NO_x 治理工程与结构减排量共 190 万 t。其中，淘汰 3 000 万 kW 小火电机组，可减排 NO_x 约 70 万 t；7 000 万 kW 机组实施低氮燃烧改造，NO_x 去除率按 40%计，可减排 NO_x 约 60 万 t；长三角、珠三角和京津冀地区 40%火电机组（约 6 000 kW）在低氮燃烧基础上安装烟气脱硝设施，NO_x 去除率按 80%计（LNB+SCR），可减排 NO_x 约 60 万 t。

投资与运行费用。“十二五”期间现有机组实施低氮燃烧改造和新建烟气脱硝设施，共需建设投资约 500 亿元，运行成本 200 亿～300 亿元。

分配方法。运用排放绩效法进行总量控制目标分配。

总量控制与排污交易。根据 SO_2 排污交易政策的实施方法及效果，在有条件的地区开展火电厂 NO_x 排污交易试点工作，促进总量减排目标的顺利实施及减排成本最小化。

（4）加强机动车 NO_x 的排放控制。实施严格排放标准，出台车用柴油标准。实施更严格的排放标准应作为今后降低机动车 NO_x 排放的主要手段及“十二五”期间重要的机动车污染监督管理政策。“十二五”期间新销售车辆在全国范围内推行国四标准，“十二五”后期在重点地区推行国五标准。加大对柴油车控制力度，尽快出台能满足国四排放标准的《车用柴油》标准。同时积极出台了各项配套政策，推进车用燃油清洁化发展，保证排放标准的实施效果。

通过“十二五”期间全国范围实施国四标准及重点区域实施国五标准，据相关研究估算，在保持机动车现有增速的情况下，到 2015 年，机动车 NO_x 排放量略有下降。

加强在用车和非道路内燃机排放控制管理。加强在用车的监督管理，完善在用车检测/维护（I/M）管理体系，有效控制在用车污染物排放；全国车辆在“十二五”前期全部贴标，通过环保标志进行分类管理。鼓励老旧车辆更新报废，建立交通源污染监测和评价体系。加强非道路内燃机排放控制，落实相关市场准入环保核准的监督管理配套政策。

（5）其他排放源。主要包括除电厂之外的锅炉和工业过程源。

- ❖ 工业锅炉：对于小型工业锅炉/炉窑，采用热电联产方式逐渐淘汰小型工业锅炉或使用燃气、油和配送较好的煤等替代燃料的方式来解决；对于大中型工业锅炉/炉窑基于最佳实用技术推行新的排放标准；对京津冀、长三角和珠三角等重点地区工业锅炉/窑炉 NO_x 排放实行更严格的控制措施，采用低氮燃烧与湿法脱硝技术相结合的方式降低 NO_x 的排放。
- ❖ 工业过程源：实施更为严格的排放标准，“十二五”期间建立水泥新型干法上 SNCR 示范工程。

❖ 民用炉灶和其他工业过程源在 2020 年以前暂不考虑实施更为严格的 NO_x 排放控制措施。

6.4.4 重视有毒有害物质管理

有毒有害废气对人体健康与生态环境产生严重危害。近年来，随着我国国民经济的持续快速增长和能源生产与消费量的不断增加，大气中汞、二噁英和苯并[*a*]芘这些有毒有害物质的环境污染问题在我国日益突出，环境压力愈来愈大，急需加以防治。

6.4.4.1 大气汞污染防治

汞是一种人体非必需的有毒元素，具有持久性、生物累积性和生物扩大作用。汞是唯一主要以气态形式存在于大气中的重金属元素，大气汞污染具有局地、区域和全球性特征。自 20 世纪六七十年代起，大气汞污染控制备受各国关注。2009 年 2 月召开的联合国环境规划署（UNEP）第 25 届理事会会议，更是同意起草汞污染控制的国际法律文件，以呼吁各国采取共同行动来减少汞的生产、使用和排放。近年来由于我国煤炭消费总量的持续快速增长和金属冶炼等高汞排放行业的强劲发展，汞的排放量巨大且呈上升趋势。鉴于汞公约谈判和环境管理的紧迫需要，我国大气汞污染控制势在必行。因此，汞问题被列入“十二五”大气汞污染防治工作范围。

（1）大气汞污染现状。

❖ 目前我国是全球人为源向大气排汞最多的国家之一：目前全球人为源向大气每年排放约 2 100 t 汞。2003 年我国人为源大气汞排放量达 696 t，1995—2003 年均增长率为 2.9%。我国人为源大气汞排放地区分布极不平衡，不同省、市、区间差异显著。2003 年排放量最大的五省包括河南、贵州、广东、湖南和辽宁，排放量均超过 45 t。1995—2003 年排放量年均增长率最快的是宁夏，为 12.8%。燃煤和有色金属冶炼为我国大气汞排放的最大人为来源。2003 年在我国人为排放源中燃煤和有色金属冶炼的排放量最高，二者合计约占排放总量的 80%；其次是水泥工业，贡献率约为 5%。此外，我国自然源的汞释放也不容忽视。我国西南及东南地区恰分布于环太平洋汞矿化带上，土壤汞释放成为重要的大气汞来源。而且，我国大量的汞排放势必会导致大气汞沉降的增加，而沉降后汞的再释放也可能是大气汞的主要来源。

❖ 城市大气汞污染形势严峻：我国大气汞分布的区域性差异十分显著，城市地区明显高于背景区域。北京、长春、沈阳、上海、贵阳、重庆、兰州等城市大气汞污染严重。以贵阳市为例，2005—2006 年大气汞的平均质量浓度为 10.3 ng/m^3，显著高于北半球 2.0 ng/m^3 的背景参考值，大气汞的主要来源是燃煤排放；大气汞的干沉降通量为 200.1 μg/（$m^2 \cdot a$），是贵州省梵净山自然保护区的 3.2 倍，大气汞对贵阳市地表生态系统具有很大的负面影响。典型地区大气汞污染问题突出。目前一些火电厂、锌冶炼、汞冶炼、生活垃圾焚烧等工业较集中区域的大气汞污染问题已经相当严重。以贵州省务川汞矿为例，矿区大气汞质量浓度为 7～40 000 ng/m^3，超出正常大气汞浓度 1～4 个数量级，大气汞的主要来源包括土法炼汞活动、汞冶炼活动遗留的大量冶炼炉渣和自然富汞土壤；矿区土法炼汞工人遭受严重的汞蒸气暴露，95%的工人尿汞含量超过世界卫生组织标准限制值；矿区大米总汞 26.8 ng/g 的平均含量超过国家食品卫生标准中 20 ng/g 的粮食汞含量，最大值达到 113 ng/g，矿区居民存在一定的健康风险。

❖ 燃煤和有色金属冶炼为最主要排放源：2003 年，燃煤和有色金属冶炼的汞排放量分别为 257t 和 321t，二者合计约占人为源排放总量的 80%。在燃煤汞排放中，火电行业排放量的年均增长率最高，达 5.9%；2003 年排放量为 100.1t，对燃煤排放总量的贡献率为 36%。在有色金属冶炼行业中，锌冶炼是汞排放的第一大户，2003 年排放量为 187.6t，贡献率达到 51%。此外，生活垃圾焚烧产生的大气汞污染不断加重。

（2）大气汞污染防治思路与目标。

❖ 思路：以全面落实科学发展观为契机，以促进可持续发展、保护人体健康和缓解国际环境外交压力为出发点，以保护人体健康和生态环境为目标，以排放总量削减为主线，以控制火电和锌冶炼行业汞排放为重点，因地制宜地实施汞污染控制。

❖ 目标：到 2015 年，控制汞排放增长的趋势，初步建立大气汞污染防治体系，城市汞空气质量有所改善。

（3）控制要求。

❖ 加强大气汞污染控制科学研究和基础能力建设。①调查全国各涉汞行业基本情况，建立我国汞生产、使用和排放清单与数据库，准确了解我国汞排放现状、地域和行业分布状况及其发展趋势；②建立城市和区域大气汞监测网，摸清我国大气汞及其干湿沉降分布特征，提高大气汞污染监管能力；③研究我国区域间大气汞的输送规律，确定不同源对特定接受点和区域汞沉降的贡献；④调查典型地区各环境介质中汞的污染状况，研究大气汞污染对人体健康和生态环境的影响；⑤开展火电厂和锌冶炼等典型行业汞污染治理示范研究，研究内容涉及在除尘、脱硫、脱硝等常规控制技术基础上的脱汞效率及费用效益分析和专业脱汞技术的脱汞效率及费用效益分析。

❖ 削减燃煤汞排放。对于火电行业，重点开展以下工作：①提高现役燃煤发电机组已安装的除尘、脱硫、脱硝设备的脱汞效率，以期在不增加额外设备的条件下，达到多污染物综合控制的目的；②减少高汞煤的使用量，提高煤炭洗选比例；③在多污染物综合控制的基础上，研发活性炭喷入法等排汞控制新技术，为进一步削减汞排放做好技术准备。对于工业和生活消费部门，鼓励采用天然气等低污染的替代燃料，改善以煤为主的能源结构。

- ❖ 削减非燃煤汞排放。对于锌冶炼行业，重点开展以下工作：①提高已有控制技术和设备的脱汞效率；②推行使用 Boliden-Norzink 法等排汞工艺；③选择低汞含量的原材料；④加强汞回收方法和技术的研究。对于生活垃圾焚烧，重点开展以下工作：①严格执行《生活垃圾焚烧污染控制标准》（GB 18485—2001）、《城市生活垃圾处理及污染防治技术政策》（建成[2000]120 号）等国家发布的标准；②开展垃圾分类工作，焚烧前分离部分含汞废物；③加大基础研究力度，寻求最佳的可行技术来控制垃圾焚烧的烟气汞排放。
- ❖ 制订汞污染排放控制技术政策，建立汞污染防治体系。鉴于汞污染控制的重要性和急迫性，建立我国汞污染防治体系，制定相关的汞排放控制技术政策和经济政策。①在新一轮大气污染防治法的修订过程中增加汞污染控制内容，为今后汞的污染防治奠定法律依据；②严格执行《工业炉窑大气污染物排放标准》（GB 9078—1996）和《大气污染物综合排放标准》（GB 16297—1996），并制定相关行业汞排放标准，优先考虑在火电厂大气污染物排放标准和锌工业污染物排放标准中增加汞排放浓度限值，为下一步汞污染纳入环境保护日常管理作好准备；③选择典型地区开展大气汞污染综合管理示范，为今后全国范围的管理工作积累经验。

6.4.4.2 其他有毒有害污染物控制

焦化、石化、钢铁、生活垃圾焚烧等行业排放的有毒有害物质严重污染着局部地区的大气环境，这些有毒有害物质如二噁英和苯并[*a*]芘等具有致癌、致畸、致突变的作用，对影响区的人体健康危害很大，事故排放情况下其危害更加严重。鉴于此，将这些极易引发重大环境污染事件的有毒有害物质也列入“十二五”大气汞污染防治工作范围。

6.4.5 推进区域大气污染防治

6.4.5.1 必要性分析

（1）区域性大气污染格局已经形成，各自为政管理模式已不适应发展新形势，区域大气环境协同管理机制亟待建立。近年来，我国大气污染防治工作取得了积极进展，全国大气环境质量总体稳定，部分地区有所好转。但是，当前大气环境形势依然十分严峻，区域性的大气污染问题日益突出。除酸雨外，光化学污染、细颗粒污染、灰霾天气等也逐渐成为带有明显区域性的污染现象，已形成城市与区域污染共存、生活污染和工业排放叠加、各种新旧污染与二次污染相互复合态势，对环境安全和人体健康构成了日益严重的威胁。在这种情况下，仅从行政区划的角度考虑单个城市的大气污染防治措施，不仅治理成本高，而且难以有效地解决污染问题，区域大气环境协同管理机制亟待建立。

（2）做好区域大气污染防治是实践科学发展观、统筹区域发展和适应环境保护历史性转变的重要举措。区域大气污染联防联控工作是加快推进我国大气环境质量改善、提高人民群众生活质量的必然选择，是统筹利用区域环境资源、推动环境与经济协调发展的内在要求。各级政府和各有关部门必须切实提高对区域大气污染联防联控工作重要性的认识，加强领导，落实责任，扎实推进此项工作。

（3）北京奥运会空气质量保障工作的经验表明，实施区域大气污染联防联控战略，是推进环境空气质量改善的重要途径。经国务院批准，北京、天津、河北、山西、内蒙古、山东6省区市以及各协办城市，建立了大气污染区域联防联控新机制，实行统一规划、统一治理、统一监管，京津冀区域大气环境有很大的改善。奥运会和残奥会期间，北京市空气质量达标率为100%，其中12天达到一级标准，完全兑现了奥运会空气质量承诺，并创造了近10年来北京市空气质量最好水平。奥运会期间形成的跨省际间联防联控机制为解决区域性大气污染提供了示范。

6.4.5.2 重点区域

坚持试点先行，从重点区域抓起。重点区域主要包括华北地区、长江三角洲地区（简称长三角地区）和珠江三角洲地区（简称珠三角地区）。在推进重点区域大气污染防治的基础上，逐步扩大工作范围，形成规模效应。逐步在辽宁中部城市群、山东半岛、湖北武汉城市群、湖南长株潭城市群、成渝地区等开展区域大气污染联防联控工作，其他地区可根据本地实际情况组织开展区域大气污染联防联控工作。

6.4.5.3 技术路线与任务措施

（1）编制区域大气污染综合防治规划，严格总量控制，开展多污染物协同减排。严格总量控制，增加实行总量控制的大气污染物类型。巩固 SO_2 总量控制成果，开展电力行业和机动车排放的 NO_x 总量控制工作，重点区域执行更加严格的大气污染排放总量削减计划和目标。继续推进深化燃煤设施脱硫工作，加快降氮脱硝示范工程的实施。重点区域的火电行业将新建企业完成 NO_x 污染治理工程建设。

突出抓好臭氧、$PM_{2.5}$、VOCs和有毒有害废气污染防治。加快推进酸雨、灰霾、臭氧、燃煤汞等与人体健康密切相关的污染防治控制工作，研究制定臭氧、细颗粒物和有毒有害废气等污染防治专项对策体系，大力削减 SO_2、NO_x 和挥发性有机物等生成臭氧和 $PM_{2.5}$ 的前体物，并要减少细颗粒物的直接排放源。

加强协同控制，优先开展 Hg 和 CO_2 与常规重点污染物的协同减排。示范和推广多污染协同减排技术，选取问题突出的重点行业，开展区域的行业协同减排，统筹区域发展，加强区域行政协同能力，逐步完善大气多污染物协同控制体系。重点推进具有脱硫、脱氮或除尘的二位一体和三位一体化的协同控制技术，优先开展 Hg 和 CO_2 与常规重点污染物的协同减排。

（2）严格区域大气环境标准，提高环境准入门槛，控制新增大气污染物排放。严格环境准入要求，控制交通和新增项目污染。加快重点城市执行机动车排放控制标准的进程，新车准入的排放控制水平达到欧Ⅴ标准。要积极出台淘汰老旧车辆的经济补偿政策，加快车用燃油低硫化进程。加强挥发性有机物污染防治，各地现有的油库、加油站和油罐车必须按标准要求完成油气回收改造工程，新建油（气）库、加油（气）站和新登记油罐车应当安装油气回收系统后才能投入使用。拟订和实施更加严格的区域大气污染物排放标准，进一步提高炼钢、炼铁、铁合金、电石、焦炭、水泥等重点行业环境准入门槛。严格限制区域新增大气污染物排放量大的产业和产品。区域环境容量如已趋于饱和，原则上不宜再建有大气污染排放的项目。

优化环境资源配置，加快产业布局、产业结构及产品结构调整。划定并明确区域内“优化发展、重点发展、限制发展和禁止发展”等不同功能区的范围、定位和发展方向。推进城市钢铁、冶炼、水泥、电力等企业搬迁出城区。在城市及其近郊，严格控制新（扩）建钢铁、冶炼、水泥、电力等高污染企业，对城区现有的高污染企业实施关、停、整改措施。重点区域内强制淘汰高耗低效产品，淘汰落后工艺。关闭污染严重企业，大力推广节能新技术、新工艺、新产品，重点抓好建材、化工、交通、冶金等高耗能产业的节能。培育节能资金市场和技术市场。大力发展高新技术产业和第三产业。

优化能源结构，减少燃煤污染。大力发展和使用电力、天然气、液化气、煤气等清洁能源，推广洁净煤技术和型煤使用，发展集中供热（暖），促进热电联产。推进高污染燃料禁燃区划定工作，重点区域城区禁用燃煤灶具，取消原煤散烧。重点区域城区禁止新建普通燃煤、燃油锅炉，逐步淘汰城区现有的小锅炉、窑炉，研究制定燃煤锅炉、窑炉改用清洁能源的补贴政策。农村和郊区推广沼气、秸秆集中供气等生物质能的清洁利用。

推行低 VOCs 排放生产技术。新建涂料、有机溶剂等工业生产项目推行低 VOCs 排放的生产技术，鼓励生产水性、低毒或低 VOCs 排放的产品，全面禁止甲胺磷等 5 种高毒农药使用，严格限制重点区域高硫燃料（煤、油）使用。

（3）建立区域大气污染联防联控工作机制，构建以防为主、防治结合的区域大气污染综合防治管理体系。加强区域领导，建立健全区域大气污染联防联控的组织协调机构，负责组织实施区域大气污染防治规划，实行重大事项会商和通报制度。要明确各级人民政府是区域大气污染防治规划实施的责任主体，加强协调共同做好区域大气污染防治规划的编制工作。

加强联网监测，建立健全区域环境空气质量监测网络。整合现有资源，增加和优化区域监测点位，建设完善区域大气环境自动监测网络。加快区域空气质量监测标准化、信息化体系建设，开发区域环境监测信息共享平台，实现监测数据的互通和共享。积极开展空气质量评价体系的改革试点，增加臭氧和 $PM_{2.5}$ 等日常监测项目。

加强区域考核，建立区域大气污染防治规划目标责任制。通过签订责任书等形式明确责任主体的目标任务，制定考核办法。各级人民政府作为实施区域大气污染防治规划的责任主体，实施成效应纳入各级政府领导班子和干部考核的重要内容。建立健全监督考核机制，对规划实施和环境质量改善情况定期进行检查和考核，并将实施情况向国务院报告。

加强区域管理，出台有利于区域大气污染防治的配套政策。完善区域大气污染控制的标准法规，拟订和实施更加严格的区域大气污染物排放标准。中央预算设立区域大气污染防治专项资金，支持区域重点治污项目，提高关键治污技术水平，开展污染协同控制。加大区域大气污染防治的财政奖励支持力度，实施以奖代补，鼓励、引导企业积极推进环保技术改造，推动环保产业和设备的发展。建立区域补偿机制，保障区域统筹发展兼顾公平。地方也应在本级预算中安排一定资金用于区域大气的污染防治。

6.4.6 控制温室气体排放

6.4.6.1 我国温室气体排放现状与发展趋势

（1）历史积累少，但保持快速增长态势。温室气体排放的主要原因是工业化导致的化石能源大量消耗，尽管中国在历史上曾是经济大国，而且人口众多，但中国的工业化进程只不过才几十年，温室气体排放的历史积累不多。从 1990—2007 年整个历史发展阶段来看 CO_2 排放量的全球历史积累，美国占 29.0%、俄罗斯占 8.3%、中国占 8.9%、德国占 6.6%、英国占 4.9%、日本占 4.7%。然而，随着中国经济的持续快速发展，化石能源需求量的增加，未来我国 CO_2 的年排放量将增长迅速，成为世界 CO_2 排放总量增长的主要贡献者。根据《世界能源展望 2007》，参考情景（指在现有政策下激增的能源消费及 CO_2 的排放）下，2015 年我国的 CO_2 排放为 86.32 亿 t，2030 年为 114.48 亿 t；替代政策情景（指现今正在讨论但还未实施的能源安全、能效、环境方面的政策将会如何抑制能源需求的增长）下，2015 年 CO_2 排放为 80.92 亿 t，2030 年为 88.77 亿 t；高增长情景（指在预测期内若保持目前高经济增长的水平，能源利用会出现什么情况）下，2015 年 CO_2 排放为 95 亿 t，2030 年为 141 亿 t。参考情景、替代政策情景和高增长情景下，2005—2030 年我国的 CO_2 排放增长量分别占全球排放增量的比例为 42%、52%和 49%，未来中国能源利用的 CO_2 将是全球 CO_2 排放增加的主要贡献者，将成为最大的 CO_2 排放国家。

（2）人均排放水平低，但稳步上升并将超出世界平均水平。与世界典型国家的对比中，中国 CO_2 的人均排放量处于较低水平，2007 年中国的人均 CO_2 排放量约为美国的 20%，加拿大的 21%，澳大利亚的 25%，俄罗斯的 32%，德国的 42%，日本的 40%，韩国的 33%。但由于我国目前正处于一个高碳经济发展期，人均 CO_2 排放量也在逐年上升。根据 IEA（2008）的数据，中国的人均 CO_2 排放量在 1990 年、2000 年、2006 年分别为 1.97 t、2.42 t、4.28 t，全世界人均 CO_2 排放量分别为 3.99 t、

3.87 t、4.28 t，可见我国 2006 年的人均排放已达到了世界平均水平。在 2015 年三种情景下，我国人均 CO_2 排放将明显超过世界平均水平，到 2030 年为 6～8 t/人，更是远高于世界 4～6 t/人的平均水平。

6.4.6.2 我国面临温室气体减排的挑战

倘若全球气候变暖控制在 2℃的目标达成全球共识，则全球气候变化将对我国经济发展形成实质性的约束，对我国以煤炭为主的能源消费结构提出严峻的挑战。《世界能源展望 2007》分析了未来大气中的 CO_2 当量浓度控制在 450×10^{-6} 的情景，在该情景下，2030 年全球煤炭的需求量将为 36.58 亿 t 标煤，能源需求为 200.44 亿 t 标煤。然而参考情景、替代政策情景和高增长情景下我国 2030 年的煤炭需求将分别为 34.27 亿 t 标煤、26.31 亿 t 标煤和 41.47 亿 t 标煤，能源需求量为 54.55 亿 t 标煤、46.51 亿 t 标煤和 67.01 亿 t 标煤。这意味着，全球气候变暖控制在 2℃的目标将会极大限制我国煤炭的使用，温室气体减排可能会对我国能源和经济安全构成威胁。

从人均收入来看，我国正处在工业化发展的加速阶段，人口基数庞大，减少贫困、发展经济、满足就业、提高全体人民的生活水平、实现国家的现代化仍然是我国面临的最大任务，这也是实现社会政治稳定的必要条件。我国不会以降低人均收入或减缓经济增长来实现控制温室气体排放目标，因此，从理论和国情来看，我国温室气体减排面临前所未有的挑战。

6.4.6.3 控制要求

（1）将温室气体纳入环境统计体系。对能源生产、工业过程、农林活动、生活领域以及污染治理的温室气体排放量进行统计，全面掌握全国温室气体排放的数量、行业和地区分布，为我国控制温室气体排放奠定基础。重点测算电力、水泥和石灰石、冶金三大行业的温室气体排放系数，建立排放清单。

（2）开展温室气体浓度监测。在全国范围内建立地面温室气体和气溶胶浓度区域监测网；建立覆盖全国的能源和工业过程温室气体源排放、生态系统和农林活动温室气体源排放、废弃物温室气体排放监测的综合体系；建立完备的温室气体分析测试实验室和数据分析平台。明确我国温室气体浓度变化和排放规律，明确自然原因和人类活动对温室气体长期排放的影响。

（3）加快转变发展模式，走低碳经济发展之路。加快转变经济发展模式，走低碳发展之路，继续贯彻落实节能减排政策，在“共同但有区别的责任”原则下，把温室气体减排与国家发展目标结合起来。

- ❖ 通过加快转变经济增长方式，强化能源节约和高效利用的政策导向，加大依法实施节能管理的力度，加快节能技术开发、示范和推广，充分发挥以市场为基础的节能新机制，提高全社会的节能意识，加快建设资源节约型社会，努力减缓温室气体排放。

- ❖ 通过大力发展可再生能源，积极推进核电建设，加快煤层气开发利用等措施，优化能源消费结构。
- ❖ 通过强化冶金、建材、化工等产业政策，发展循环经济，提高资源利用率，加强氧化亚氮排放治理等措施，控制工业生产过程的温室气体排放。
- ❖ 通过继续推广低排放的高产水稻品种和半旱式栽培技术，采用科学灌溉技术，研究开发优良反刍动物品种技术和规模化饲养管理技术，加强对动物粪便、废水和固体废弃物的管理，加大沼气利用力度等措施，努力控制甲烷排放增长速度。
- ❖ 通过继续实施植树造林、退耕还林还草、天然林资源保护、农田基本建设等政策措施和重点工程建设，提高我国森林覆盖率，增强生态系统碳吸收能力。

（4）充分利用协同效应实现温室气体减排。提出一个综合考虑主要污染物减排和可能的温室气体控制的政策及技术方案；针对示范城市实施污染减排及其协同效应工作，开展能力建设，提升我国相关领域的能力；在研究与示范的基础上，总结、推广相关经验，并提出有关政策建议。

（5）推动和加强国际互利合作与交流。重视国际合作的积极作用，并将进一步推动和扩大与其他国家的气候合作，共同提高应对气候变化挑战能力。发达国家在资金、技术和风险管理等方面具有优势，我国应加强在低碳技术开发、低碳技术投资、开发清洁能源等方面与其开展合作，促进发达国家对中国的技术转让。

（6）先行试点示范，总结经验逐步推广。在电力、交通、建筑、冶金、化工、石化等能耗高、污染重行业先行试点，选择作为我国探索低碳经济发展的重点领域。同时，积极构建“低碳经济发展区”，在东部发达地区和国家重点能源基地，选定典型城市进行试验试点，寻求我国的低碳经济发展之路。

6.5 保障措施

6.5.1 政策保障

6.5.1.1 完善环境经济政策体系

（1）改革排污收费制度。

- ❖ 进一步改革和完善排污收费制度，提高排污收费标准，使其真正达到或超出治污成本，增强企业治理污染的积极性，以推动环境外部成本完全内部化目标的实现。
- ❖ 对“加倍收费”进行细化，使企业超标排污成本投入加倍，客观上促进企业污染治理的积极性。
- ❖ 针对导致城市空气质量不高的主要污染因素，如汽车尾气等流动污染源和扬尘污染源，开展排污收费征收试点工作，以促进城市空气质量的明显改善。

（2）积极开展电力行业排污交易试点。在成功实施电力行业 SO_2 总量控制和排污交易计划之后，“十二五”可对电力行业实施 NO_x 总量控制和开展排污交易试点。

“十二五”电力行业 NO_x 总量目标的确定应充分考虑技术可行性和经济承受力。总量控制目标的分解要考虑如下因素：发电机组 NO_x 排放现状、电力行业总量控制目标、区域环境质量的差异（空气质量改善与酸雨控制要求）、相关政策要求（火电厂排放浓度标准、环评审批）等。推荐采用基于电量产出的绩效分配方法，实行新源与老源分开管理。在电力行业 NO_x 实施总量控制的基础上，引入排污交易机制，降低减排成本，推动企业由被动治污向主动治污转变，同时为新建项目发展提供空间。

（3）继续深化环保电价政策。

❖ 实行有利于节能、环保的电价政策：全面实施激励清洁能源发展的电价机制，对可再生能源发电和垃圾焚烧发电厂实行优先上网或政府补贴等优惠政策。

❖ 效仿脱硫加价政策：将脱硝成本纳入电价核算，研究制定烟气脱硝的经济政策和电价政策，以刺激电力行业进行 NO_x 污染控制。

6.5.1.2 完善法规标准体系

（1）完善环境空气质量标准体系。配合多污染物综合控制战略的实施，不局限于老三样指标，用包括 O_3、$PM_{2.5}$、有毒有害物质在内的多项指标综合、客观地分析评价当前环境空气质量的变化。

（2）完善污染物排放标准配套的污染防治技术政策及支撑体系、建立健全污染物排放标准的实施评估体系，提高标准实施后达标率和效果。各地也要完善技术规范和环境标准体系，科学地确定标准限值，鼓励各地制定更加严格的地方污染物排放标准。

（3）建立和完善大气排污许可证制度，实现大气排污许可证制度与总量控制制度、排污交易制度及其他污染物排放控制制度的有效衔接。

6.5.1.3 完善执法监督考核体系

（1）加强国家监察。加强区域大气环保工作的协调和监督，查处突出的环境违法问题。

（2）加强地方监管。把“十二五”总量控制目标和任务分解到各级地方政府，层层抓落实。坚持地方政府对行政区域环境空气质量负责，落实政府环境责任。制定科学的评价指标，纳入党政干部政绩综合评价体系，建立环境保护问责和奖惩制度。

（3）落实单位负责。深入开展整治违法排污企业，保障群众健康专项行动，严厉查处环境违法行为和案件。综合运用约束机制和激励机制，促进企业和其他组织严格执行环境法规与标准。建立企业环境信息公开制度，加强社会监督。

6.5.2 技术保障

（1）发展洁净煤技术，提倡煤的洁净燃烧。大力发展煤的气化、液化等煤洁净转化技术。积极组织超超临界、USC、IGCC、PFBC、CFBC、燃煤磁流体发电等煤的高效洁净燃烧发电技术的研发工作，跟踪和研究 CCS 技术与 IGCC、NGCC 的衔接应用方面的技术发展，探讨 CCS 技术在电力、水泥、钢铁等行业应用的可能性。把发展超临界、超超临界等大容量、高效、低污染煤炭直接燃烧发电技术放在优先位置，以满足电力快速增长的需求。

（2）加大多污染物一体化控制技术（Multi-Pollutant Control，MPC）的研发与推广力度，将脱硫、脱氮和重金属脱除工艺进行集成，实现多污染物的综合控制。研究表明，与单独进行脱硫或脱氮工艺相比，在一套装置中同时进行脱硫脱氮和脱除重金属具有很大的优势和发展前景，电催化法（CEO）、活性炭吸附法（AC）等新兴技术在多污染物的综合控制中已表现出优良性能。可见，今后应深入开展多污染物一体化控制技术的研究工作，力争早日实现工业化运行。

（3）发展高效低氮燃烧技术，积极扶持具有自主知识产权的烟气脱硝技术（如 SCR、SNCR、SNCR-SCR 及其他烟气脱硝技术）的研发和示范工程的建设。鼓励高性能催化剂原料、新型催化剂、失效催化剂的再生及安全处置技术的开发和应用。

（4）加快区域环境空气质量监测技术的推广和应用，增加和优化区域监测点位，建设完善区域大气环境自动监测网络。加快区域空气质量监测标准化、信息化体系建设，开发区域环境监测信息共享平台，实现监测数据的互通和共享。

6.5.3 资金保障

努力推进机制创新，以政府投入带动社会投入，增加大气污染控制的资金支持。

加大政府投入，把大气环境保护投入作为公共财政支出的重点并逐步增加投入。对国家大气环境保护重点工程和列入国家大气环境治理规划的项目，区分不同情况给予支持。各级政府都要加大对大气污染防治和环境公共设施建设的投资，把环境保护部门工作经费纳入各级财政支出预算，切实提高环保机构经费保障程度。加强排污费资金使用管理，加强资金使用效益的监督与评估。

工业大气污染治理按照“污染者负责”原则，由企业负责。其中现有污染源治理投资由企业利用自有资金或银行贷款解决。新扩改建项目环保投资，要纳入建设项目投资计划。

要积极利用市场机制，吸引社会投资，形成多元化的投入格局。“十二五”期间征收的大气排污费，可用于污染治理，以补助或者贴息方式，吸引银行特别是政策性银行，积极支持大气环境保护项目。

第 7 章

固体废物和土壤污染防治

7.1 固体废物和土壤污染防治形势分析

国家环境保护"十一五"规划为控制固体废物污染，推进资源化和无害化，提出"实施危险废物和医疗废物处置工程、实施垃圾无害化处理工程、推进资源综合利用"三项工程，到 2010 年全国新增城市生活垃圾无害化处理能力 24 万 t/d，城市生活垃圾无害化处理率不低于 60%、工业固体废物综合利用率达到 60%的工作目标。2003 年国务院颁发《全国危险废物和医疗废物处置设施建设规划》，提出到 2010 年全国建成 55 座危险废物集中处置设施和 277 座医疗废物集中处置设施，新增危险废物处置能力 271 万 t/a、医疗废物处置能力 2 072 t/d。

目前固体废物防治工作取得了较快进展，环境保护"十一五"规划评估结果显示，预计 2010 年，全国将建成危险废物集中处置设施 40 座，占规划危险废物设施总数的 74%，形成危险废物综合处置能力 163 万 t/a；将建成医疗废物集中处理设施 247 座，占规划医疗废物设施总数的 91%，形成医疗废物处理能力 1 150 t/d。2008 年我国生活垃圾处置规模 28.6 万 t/d，无害化处理率达到清运量的 64%；工业固体废物统计产生量约为 19 亿 t，综合利用量为 12.3 亿 t，综合利用率达到 64.9%，提前实现"十一五"规划目标。青岛、杭州、南京、无锡建设完成电子废物的拆解、再生示范工厂，拥有 100 万台/a 的拆解能力。

固体废物污染控制难度大，与控制大气环境（重点控制 SO_2）、水环境（重点控制 COD）相比，其废物控制对象十分繁杂，抓手不突出，难以在短期内出成效，与环境质量改善的相关性不明显，不易为人们重视，工业固体废物特别是危险废物的环境污染潜伏性、长期性比较明显，一旦发生环境污染，将是难以恢复甚至对环境和人体产生不可逆的影响，经济损失将更加严重。随着我国经济飞速增长，城市化进程加速，固体废物产生量还将持续增加、历史堆存固体废物仍将长期存在，新型固体废物污染问题日益凸显，固体废物环境监管压力巨大。

7.1.1 常规固体废物产生基数大，且持续上升，历史堆存问题突出

据《中国统计年鉴》和《中国环境状况公报》，2005 年全国工业固体废物产生量为 13.4 亿 t，较 2002 年增长近 30%；2008 年全国工业固体废物产生量为 19 亿 t，较 2005 年增加 41.8%，增加速度日益加快。危险废物产生量从 2005 年的 1 162 万 t 到 2008 年的 1 357 万 t，增加了 16.8%，2007 年全国医疗废物的产生总量增加到 65 万 t/a。固体废物产生数量总体呈现增长态势。2007 年我国 661 个设市城市生活垃圾清运量 1.52 亿 t，2005 年县城生活垃圾产量约 0.5 亿 t。

专家们普遍认为我国固体废物环境统计数据低于其实际产生数量。生活垃圾若按产生系数 1.0 kg/（人·d）计算，全国生活垃圾（含城市生活垃圾和农村生活垃圾）年产生量应在 4.75 亿 t 左右，实际清运量仅占产生数量的 32%。根据经验统计与国外类比，2008 年我国危险废物产生量应在 4 000 万～6 000 万 t，与申报统计得

出的 1 357 万 t 差异很大。我国有相当数量的固体废物特别是危险废物尚在统计范围之外，尚未纳入环境管理范围。农村生活垃圾管理还基本处于空白状态。农村生活垃圾产生量估算约为 2.75 亿 t，村镇周围和住所周围自行倾倒处置，垃圾围村、垃圾坑塘的现象非常普遍。

工业固体废物的处置受到建筑和建材工业的制约，堆存量巨大。工业固体废物总的利用率不高，造成大量工业固体废物的堆存，除占用大量土地外，已经严重影响到堆存地周围的环境。据估算，目前堆存的尾矿量为 50 亿 t，粉煤灰 8 亿 t，煤矸石 30 亿 t。由此推算，我国各种工业固体废物的堆存总量可能超过 100 亿 t。每年约有 300 万 t 危险废物临时储存在各生产单位，累计储存量已达 3 000 万 t 以上。

7.1.2 固体废物资源利用范围和技术水平较低，资源利用率有待进一步提高

2006 年我国工业固体废物综合利用量 9.26 亿 t、综合利用率 60.9%，2007 年综合利用量 11 亿 t、综合利用率 62.8%，2008 年综合利用量 12.3 亿 t，综合利用率 64.9%，虽然有所上升，但与其他工业国家相比仍然较低。我国工业固体废物综合利用主要集中用于建筑材料生产，领域范围较窄，受到该行业发展的限制，工业固体废物综合利用率难以进一步提升，每年堆存数量日益增加。综合利用方式和比例难以适应由于经济高速发展带来的工业固体废物产生量的飞速增长，我国各种工业固体废物的堆存总量估算超过 100 亿 t。如果考虑到我国固体废物产生量远远大于统计数量，我国固体废物资源利用率数据可能比统计数据小得多。

2008 年危险废物综合利用量 819 万 t，综合利用率为 60.4%。目前危险废物的综合利用主要采用初级技术手段提取有用物质，资源利用效率不高，二次污染比较突出。据统计，每年我国尚有数百吨危险废物被排放到环境中，还有数百万吨危险废物堆存在环境中，历年堆存在环境中的危险废物有数千万吨已经对堆存地及周围环境造成了严重污染。

同时，电子电器废物、废铅酸蓄电池、包装废物等社会源废物综合利用还未建立全面防控体系，我国塑料制品年产量为 2 500 万 t，按 20%可回收量计算，一年应回收废塑料约 500 万 t，而目前实际回收量 200 万 t，废塑料回收任重道远。回收利用体系多处于市场自发和无序状态。利用低价收购等手段，大多数废物进入到小企业甚至家庭作坊，监管十分困难。

7.1.3 新型固体废物污染问题不断涌现

随着经济社会的日益发展，新型固废污染问题不断涌现，造成社会和环境影响日益加重，给固体废物污染控制工作带来巨大挑战，是“十二五”固体废物污染控制工作必须面对的问题。

农村固体废物主要类型有农村生活垃圾、秸秆和畜禽养殖废物，其管理体系还未建立，是固体废物管理工作的短板。据估算，大约 2.75 亿 t 农村生活垃圾和乡镇生活垃圾没有得到有效的无害化处置，基本都在村镇周围和住所周围自行倾倒处

置，其中相当大的比例被倒入江河湖海。2004 年我国畜禽粪便总产量为 21.5 亿 t，每天粪尿及冲洗污水 80 多万 t，但只有 20%的粪便污水进行处理。

厨余垃圾约占生活垃圾的 50%，是宾馆、饭店及机关企事业单位等抛弃的剩余饭菜的统称，较之其他垃圾，具有含水率、有机物量、油脂及含盐量高，易腐败等特点，存在浪费土地、产生恶臭气体及渗滤液量大等问题。据统计，2004 年，我国厨余垃圾的清运量为 4 500 万 t。目前对厨余垃圾还未明确进行处理处置规范，普遍做法是直接作为动物饲料或直接排入下水道，仅在北京、上海和一些省会城市等对收集、转运和处置制订了管理办法，并未形成全过程管理和控制的机制，厨余垃圾的二次污染仍然严重。

焚烧飞灰是随着垃圾焚烧场的不断增加而逐渐涌现出来的问题，因含有大量重金属及二噁英、呋喃类物质，在我国属危险废物，要求必须最终由危险废物处置中心处置。我国常用处置方法为固化/稳定化后填埋处置。据经验概算，生活垃圾焚烧时会产生 5%左右的垃圾焚烧飞灰，由此估算每年约产生 219 万 t 飞灰，若均采取填埋方式，将会占用危险废物填埋场的库容，应通过推广成熟技术，进行资源化利用。

电子废物污染日益加重。2006 年我国电视机、电冰箱、洗衣机、空调器和计算机等产生电子废物约 185 万 t，由于回收渠道还不能纳入环境保护监管系统，回收后的废家电去向未进行有效的控制，导致废家电拆解、再生产生的污染日益加重。

7.1.4 环境管理偏于末端控制，源头控制有待加强

我国固体废物已经建立起申报登记、转移联单、经营许可等环境管理制度，但环境管理思想长期以来都是在其产生后如何对其进行控制，源头削减，过程控制，风险管理以及深度的资源回收利用方面的环境管理手段还相当缺乏，与德国、日本等发达国家相比，环境管理总体水平还有相当大的差距，固体废物管理思路与固体废物资源秉性还有很多矛盾和不相适应的地方，环境管理思想还有待进行战略性调整。固体废物管理专业部门人员数量和管理能力的严重匮乏同样也制约着管理水平的提高和污染控制的需要，全过程监督管理体系远未建立，危险废物管理尚处于起步阶段。生活垃圾的无害化处理在设市城市较普及，县城生活垃圾控制目前还未纳入全国管理控制系统。

7.1.5 现有垃圾处置设施二次污染问题严重，处理能力不足

据《中国统计年鉴》，2007 年我国无害化处理厂 460 个，其中卫生填埋 366 个、堆肥 17 个、焚烧 66 个。但是垃圾填埋场设施普遍存在“重建设、轻管理”现象，稳定运行率较低，除北京、上海等大城市和省会城市外，普遍存在收集—运输—处置环节不通畅，不能有效运行的现象。投资不足导致生活垃圾处理设施建设标准降低、生活垃圾处理收费收缴率低、收费难的问题比较突出。

处置设施产生的渗滤液等二次污染问题日益显现，治污设施反成为新的污染源现象比较突出。2002 年对全国的 47 个环境保护重点城市的生活垃圾处理设施进行

的全面监测表明，54 家填埋场无一家污染排放物达到国家标准，在进行地下水监测的 48 家填埋场中，45 家填埋场所在地地下水水质超过国家标准，最高超过数万倍。同时对 6 家焚烧厂烟气排放进行的常规项目监测表明，有 1 家焚烧厂烟气排放超标；对 7 家焚烧厂烟气二噁英进行的监测结果表明，有 4 家焚烧厂排放烟气中二噁英浓度超标，最高超标 99 倍。

7.1.6 耕地污染形势严峻、食品安全受到威胁

我国受重金属污染的耕地面积近 3 亿亩[①]，其中“三废”污染耕地 1.5 亿亩，因固体废弃物堆放占用和毁损农田面积达 200 万亩以上；受到大气污染的耕地达 8 000 万亩以上；污水灌溉农田面积占全国总灌溉面积的 7.3%；遭受农药污染的农田面积达 1.4 亿亩。此外，化肥的超量投入威胁着地下水及农副产品的质量安全；连年使用的地膜残留在土壤中难以降解；有机肥也由于禽畜饲料中大量添加了微量元素、抗生素、生长激素，随禽畜粪便作为有机肥进入土壤时污染环境。

土壤污染使农副产品质量不断下降，许多地方的粮食、蔬菜、水果等食物中的重金属含量超标或接近临界值。我国每年仅因土壤重金属污染造成的粮食减产就达 1 000 多万 t，每年被重金属污染的粮食多达 1 200 万 t，共约合人民币 200 亿元。

7.1.7 工业置换土地量逐年剧增，企业搬迁遗留场地污染严重

随着我国城市为调整产业结构，实施了城市布局的“退二进三”战略，原来地处城区或近郊的（乡镇）工业企业陆续搬迁，集中布局在化工园区。企业搬迁遗留场地在原企业几十年的生产过程中受到较为严重的污染，特别是一些农药、有机化工、冶炼和电子垃圾处置等重污染行业的场地犹如一颗颗“定时炸弹”，对场地及其周边的生态环境安全和人体健康构成严重威胁。部分地区土壤污染严重，在重污染企业或工业密集区、工矿开采区及周边地区、城市和城郊地区出现了土壤重污染区和高风险区。

7.1.8 土壤污染途径多，具有隐蔽滞后性，控制难度大

土壤污染包括污水灌溉污染、酸雨污染、重金属污染、农药和有机物污染、放射性污染、病原菌污染以及各种污染交叉造成的复合污染等。污染的土壤表土会在风力或水力的作用下进入大气和水体中，导致大气、地表水、地下水污染，带来二次污染和其他次生生态环境问题。土壤污染具有隐蔽性和滞后性，需要通过土壤样品分析化验、农作物残留检测才能确定，其对人或牲畜健康的影响往往在污染发生后很长时间才能发现。土壤污染有累积性，污染物一旦进入土壤，就会不断积累。土壤污染具有不可逆转性，治理起来也非常困难，即便切断污染源也很难靠稀释或靠自净来达到恢复。

---

① 15 亩=1hm²。

7.1.9 土壤污染成为影响身体健康和社会稳定的重要因素

企业（特别是化工企业）搬迁遗留的污染场地和有毒有害废渣堆放场地如不进行有效管理与修复，将导致严重的土壤污染环境安全问题，由此频频引发种种环境风险和社会纠纷，在有些地区将成为社会不稳定的因素。由于没有或经简单处置就匆匆进行土地开发或土地用途变更而引发的环境污染事故和对人体健康伤害事件在全国各地时有报道。

7.1.10 土壤环境监督管理体系不全，投入不足，意识不强

我国土壤环境监管体系刚刚建立，土壤污染普查也刚刚起步，土壤污染家底不清，监管体系不健全。而且土壤污染防治长期以来没有受到应有的重视，在土壤污染防治方面投入不足，仅能够开展一些试点试验工作，资金额度不足以支持突然污染防治的全面开展。

7.2 指导思想与目标

7.2.1 指导思想

以全面落实科学发展观为指导，以减量化、资源化、无害化为原则，以危险废物和医疗废物、工业固体废物、城市生活垃圾为重点控制方向，在充分发挥现有设施作用的基础上，以政府主导，全面提升固体废物产业化处置能力。

以科学发展观为指导，以改善土壤环境质量、保障农产品质量安全和建设良好人居环境为总体目标，优先切实解决关系群众切身利益的突出土壤环境问题，为全面防治土壤环境污染打下基础，全面建设小康社会提供环境保障。

7.2.2 土壤规划基本原则

（1）预防为主，防治结合。土壤污染治理难度大、成本高、周期长，因此，土壤污染防治工作必须坚持预防为主；研究建立法律法规、标准基准、技术工艺、监测监管、预防预警立体防控体系。

（2）统筹谋划，重点突破。土壤污染防治涉及面广，污染治理工程投资量大，要统筹谋划，并针对土壤污染防控重点领域和区域的土壤环境问题重点突破。

（3）分类指导、分区管理。结合各地实际，按照土壤环境现状和经济社会发展水平，识别农村地区和城市地区土壤污染防控的重点领域和区域，分类设计我国农村和城市土壤污染防治重点工程。

（4）政府主导，公众参与。防止土壤污染是各级政府的责任。通过协调国土、规划、建设、农业和财政等部门，共同做好土壤污染防治工作。鼓励和引导社会力量参与、支持土壤污染防治。

7.2.3 规划思路

（1）固体废物。

- ❖ 加大现有处置设施利用率，对各种类型的固体废物进行分类控制。
- ❖ 提高生活垃圾清运量，力争解决二次污染，增大人口密集城市焚烧份额。
- ❖ 通过过程管理提高危险废物设施负荷率，减少历史堆存。
- ❖ 通过推行清洁生产、循环经济、综合利用等降低单位工业增加值固体废物产生量，增大综合利用率，限制排放。
- ❖ 结合农村污染整治行动，消除农村生活垃圾随意倾倒现象。
- ❖ 餐厨垃圾、电子废物进行示范管理并实现区域辐射。

（2）土壤。基本建立土壤污染防治监督管理体系，公众土壤污染防治意识显著提高，土壤污染趋势得到遏制，重污染土壤治理示范显现成效。耕地地膜残留量、化肥农药施用量到 2015 年下降 20%，耕地环境污染得到基本遏制；建成有机食品基地 ××× hm^2；治理重污染土地面积×××hm^2（待土壤污染调查结果出来后确定），污染土壤修复与综合治理示范项目取得明显成效。

7.2.4 规划目标

（1）固体废物污染防治。

- ❖ 规划危险废物和医疗废物集中处置设施负荷率达 90%；2010 年的生活垃圾处置设施在 2015 年运行率达到 100%。
- ❖ 危险废物贮存量比 2010 年减少 70%，年产生总量比 2010 年减少 10%；其综合利用率达到 70%。
- ❖ 单位工业增加值固体废物产生量降低 40%，综合利用率达到 70%。
- ❖ 生活垃圾处理能力达到 35 万 t/d。提高城市生活垃圾清运量，无害化处理率不低于 80%，环境保护重点城市无害化处置率应达到 85%以上。在经济发达地区和省会辐射地区全部实现农村生活垃圾“村收集、镇转运、县处理”，消除农村生活垃圾自行倾倒现象。

（2）土壤污染防治。根据农业污染源普查、土壤污染调查等工作，设计下列规划指标：

- ❖ 耕地地膜残留量（t/hm^2）：较 2010 年下降 20%。
- ❖ 化肥施用量（折纯，t/hm^2）：较 2010 年下降 20%。
- ❖ 农药施用量（折纯，t/hm^2）：较 2010 年下降 20%。
- ❖ 新建成有机食品基地面积（hm^2）：×××处，×××hm^2。
- ❖ 治理重污染土地面积（hm^2）：×××处，×××hm^2。

7.2.5 目标可达性分析

表 7-1　固废指标可达性分析

指标	现状		"十一五"指标	预期		备注
	2007 年	2008 年（中期）	2010 年规划	2012 年预测	2015 年目标	
危废负荷率	现有 346 t/a 能力，在建规划能力	现有 389 t/a 能力，在建规划	建成规划	淘汰 40% 不合格能力，规划形成 60% 能力	规划负荷率 70%	现有 346 t/a 危废处置能力，预计淘汰 50% 不合格处置设施，规划 271 t/a 能力，"十二五"危废处置能力预计达到 417 t/a
危废贮存量	154 万 t	196 万 t	246 万 t（预测）	257.24 万 t	减少 70%	—
危废产生量	1 079 万 t	1 357 万 t	1 179 万 t（预测）	1 090 万 t	966	—
危废综合利用率	60.20%	60.30%	62%（预测）	65%	70%	—
单位工业增加值固体废物产生量	—	—	—	—	降低 40%	—
工业固废综合利用率	—	64.90%	60%	—	70%	—
生活垃圾处理能力	—	28.6 万 t/d	32 万 t/d	—	35 万 t/d	增加焚烧份额
生活垃圾设施运行率	—	460 座	无害化率 60%，收运 90%	—	100%	—
无害化处理率	—	64%	60%	—	80%	《宏观战略研究》目标到 2020 年达到 90%

表 7-2　危废处理情况分析

年份	危废产生量/万 t	综合利用/万 t	利用率/%	处置能力/（万 t/a）	结余/万 t	贮存/万 t
2008	1 357	819	60.30	389	—	196
2010	1 179	730.98	62	427.5	20.52	216.52
2011	1 136	715.68	63	390.9	29.42	245.94
2012	1 090	708.5	65	370.2	11.3	257.24
2013	1 049	702.83	67	362.7	−16.53	240.71
2014	1 007	689.795	69	389.8	−72.595	168.115
2015	966	676.2	70	416.9	−127.1	41.015

7.3 主要任务

7.3.1 通过管理措施发挥危险废物处置设施现有能力

（1）从布局优化和制定技术标准入手，制定危险废物污染防治规划。制定废铅酸电池、废矿物油回收、有机溶剂回收等工程建设技术要求和污染防治技术要求，延伸危险废物综合利用产品链，避免低水平简单的资源回收，提高行业入门门槛，规范行业发展。

（2）加大危险废物环境管理和有关优惠政策制定，为危险废物集中处置设施的正常运行创造良好的政策、管理和技术环境。确保《全国危险废物和医疗废物处置设施建设规划》要求的 329 个项目顺利运行，打破地方保护主义和经济利益，解决其服务半径内有多家技术水平较低，环境污染较为严重的处置企业抢夺废物来源的问题。加强危险废物处置产业特征分析，降低处置企业经营成本。通过环境影响评价严格控制新增综合性危险废物处置设施的建设，严格控制危险废物处置设施布局。加大危险废物和生活垃圾焚烧设施二噁英排放的监督性监测力度，监测结果向社会公布，加强群众监督，对达标无望企业坚决取消经营许可资质。促进二噁英减排技术的发展和推广。财税政策优惠。将危险废物处置和综合利用纳入国家有关所得税、营业税减免政策享有范围，制定金融、土地、过路过桥费减免等优惠政策。

（3）加大危险废物处置技术研发能力和产业化支撑能力，全面提升危险废物处置产业化水平。国家每年初制定危险废物技术领域研发和推广计划，有 4 个危险废物技术研发中心围绕国家计划充分发挥其技术研发能力、创新能力、产业化推广能力和管理支撑能力，建立工程研发中心与各处置企业的帮扶制度，开展运营诊断，帮助企业解决运行中的问题。总结制定危险废物不同处置技术路线的工程技术规范和建设标准，规范工程建设，提高技术水平。制定危险废物处置人才培养计划，选择技术水平较好的危险废物处置企业建成国家危险废物技术人员上岗实习基地和人才培养基地。鼓励技术力量和资金能力较好的处置企业打破行政区域界线，对运营管理乏力和不善的企业进行兼并重组，鼓励产业做大做强。

（4）全面深化危险废物环境管理制度，加强监管能力建设。"十二五"期间危险废物环境管理制度和标准工作重点放在深化、细化和加大执行力度上。制定危险废物排污申报登记技术细则，总结试点地区和试点企业排污申报登记制度改革的经验和教训，结合企业生产经营情况和产排污系数，全面掌握企业特别是重点产废企业的产生排放数量，在全面申报登记的基础上确定危险废物减量控制的基准。建立权威的危险废物鉴定机构，面向社会全面开展咨询服务和鉴定工作。对重点行业、量大面广的废物组织实施危险废物性质鉴别工作，建立危险废物豁免清单，完善危险废物豁免制度。区分不同处置工艺和不同废物类型，细化制定危险经营许可证审查技术指南，解决各地由于缺乏统一的审查和判定标准，导致各地技术尺度不一、设施水平良莠不齐的问题。执行相同的许可证审查程序和审查标准，全面监督和检查企业自行建设和管理的危险废物处理处置设施，2015 年前全部达到国家标准。加快建设危险废物产生、运输、经营、处置单位的危险废物收集、贮存、处置、交换的电子平台及物流网络体系，全面建成全国危险废物数据和信息交换体系以及事故应急网络，全面实现网上环境管理、信息化服务和网上在线实时监控。

（5）积极推进历史堆存和遗留的危险废物安全处置工作。开展危险废物堆存调查，掌握堆存量大、环境危害已经显现的堆存废物种类、地点和数量，鼓励危险废物处置企业收集处置历史堆存的危险废物，对无主废物，积极向中央财政申请设立危险废物处置专项基金，各级地方财政和环保专项资金要给予支持。

7.3.2 县县建设垃圾处理设施，解决垃圾厂二次污染问题，保障现有设施运行

（1）加大生活垃圾处理设施建设资金投入力度，进一步提高生活垃圾无害化处置率。全面开征城市生活垃圾处理费、加大城市基础设施运行维护费支出或者财政支出最低比例保障，有计划、有步骤地提高生活垃圾处置收费标准，保障城市固废处理设施的正常运转。农村生活垃圾按照《全国农村环境综合整治规划》的要求开展建设，消除农村生活垃圾随处倾倒现象。建立贫困地区、乡镇生活垃圾和农村生活垃圾处置费用补贴制度。

（2）根据地区特点合理选择垃圾处理技术，进一步加大生活垃圾焚烧技术应用。东部地区、经济发达地区和人口密集区优先选用焚烧处理技术，垃圾焚烧处理率应不低于 50%，中西部地区垃圾焚烧处理率应不低于 25%。

（3）充分发挥现有处置设施作用，使现有设施运行率达到 100%；严禁新建简易生活垃圾填埋和堆放设施，全部废弃现有简易填埋和堆放设施；重点加强生活垃圾填埋场渗滤液、焚烧飞灰、餐厨垃圾等废物处理设施的技术升级改造。

（4）解决二次污染问题，新建生活垃圾填埋场必须在主体填埋场建设的同时修建完备的渗滤液处理设施，现有生活垃圾填埋场必须完成渗滤液处理设施的完善和改造任务，按照分阶段分级管理原则，全面实施《生活垃圾填埋污染控制标准》（GB 16889—2008）中渗滤液处理要求。充分考虑生活垃圾填埋场异味扰民问题，加强环境影响评价、信息公开和相关部门之间的沟通，在立项审查阶段避免该类事件发生。通过示范带动，严格控制填埋场周边居民区建设规模，防护距离外居民居住较密集、群众反映较强烈的生活垃圾填埋场应采用先进的科技手段，解决异味扰民问题，公众充分参与。

（5）推进资源利用和全过程管理。加大生活垃圾焚烧飞灰综合利用新技术新工艺开发和示范工程建设的资金支持力度。加大焚烧飞灰高温煅烧资源化工艺技术和焚烧飞灰熔融高温高频富氧助燃熔融工艺技术研究。

（6）通过示范带动行业发展。进一步总结不同地区、不同规模的城市餐厨垃圾收运处理系统的经验，制定餐厨垃圾收集处理技术导则和工程建设技术规范，通过示范带动，逐步建立设市城市的餐饮业厨余垃圾收集—转运—处置系统，努力实现

餐饮垃圾无害化和资源化。

（7）电子废物等进行圈区管理。设立准入标准，由地方管理部门划定区域辐射范围，电子废物拆解等企业必须进行圈区管理，建立示范，逐步淘汰污染严重企业。

7.3.3 降低工业固体废物产生强度，提高综合利用效率

（1）重点产生工业固体废物的行业开展清洁生产审计和技术升级改造，从源头减少工业固废的产生量。对冶金、能源、化工和矿山采掘等行业（其产生的工业固体废物产生量占工业固体废物总产生量的 90%）围绕减废目标全面实施清洁生产和技术升级改造，从源头上减少工业固废的产生量，缓解我国工业固废堆存压力。

（2）加大工业固体废物综合利用技术研发力度，多种途径开展综合利用。目前我国工业固体废物综合利用主要在建筑材料行业，受制于该行业的发展，消纳工业固体废物的数量有限，工业废物的堆存日益突出。必须加大工业废物综合利用在其他行业应用的开拓研究力度，突破目前用途单一的局面。

7.3.4 加强耕地污染防治，加快建设有机食品基地

以基本农田、重要农产品产地特别是“菜篮子”基地为监管重点，开展农用土壤环境监测、评估与安全性划分。严格控制主要粮食产地和蔬菜基地的污水灌溉，强化对农药、化肥及其废弃包装物，以及农膜使用的环境管理。到 2015 年，耕地地膜残留量、化肥施用量、农药施用量较 2010 年下降 20%；耕地环境污染基本得到遏制。

积极引导和推动生态农业、有机农业，规范有机食品发展，组织开展有机食品生产示范建设，预防和控制农业生产活动对土壤环境的污染。积极发展国家级有机食品基地建设，优先在中西部自然条件良好，有利于发展有机食品生产的农村地区建设有机食品生产基地，东部地区则选择有机食品发展较快、基础较好的地区建设示范工程。

7.3.5 加大污染土壤的治理修复示范

以地方病流行区、癌症高发区、环境污染纠纷频发区、影响农村人居环境安全和社会稳定等热点地区为重点，加强土壤污染防治，保障人居环境安全和人体健康。

选择有代表性的污灌区农田和污染场地（如化工、电镀、油料存贮、农药加工、危险废物填埋堆放场地等）开展污染土壤治理与修复试点，选取生物修复、施加抑制剂、客土、淋洗等措施，建设土壤污染综合治理与修复示范工程。加强污染土壤修复技术集成，筛选土壤污染修复实用技术。对污染严重，难以修复的耕地提出调整用途的意见。

7.3.6 加强污染土壤二次开发的风险评估

建立污染土壤风险评估和环境现场评估制度。以面临二次开发利用（如工业用

地转化为商住用地）的城区污染场地为重点，评估开发过程中的环境风险，制订风险管理和风险控制方案。对污染企业搬迁后的厂址和其他可能受到污染的土地进行开发利用的，督促有关责任单位或个人开展污染土壤风险评估，明确修复和治理的责任主体和技术要求，降低土地再利用特别是改为居住用地对人体健康影响的风险。将风险评估的结论作为规划环评的重要依据，并要求依法开展规划环境影响评价。促进建立环境现场评估制度，通过现场土壤和地下水的调查进行项目环境风险分析，提出风险控制建议和缓解措施。

7.3.7 建立土壤污染防治投入机制

加大土壤污染防治投入，设立土壤污染防治专项基金，重点支持土壤环境监测、污染场地调查与评估、土壤污染防治科学研究和技术开发、污染土壤修复与综合治理示范工程建设，引导和鼓励社会资金参与土壤污染防治。对有责任主体的污染土地，在污染者无力或不愿承担责任时，由基金垫付开展土壤污染整治；之后基金向污染者追偿。

7.3.8 加强土壤环境保护能力保障体系建设

加强土壤环境监管能力建设，把土壤环境质量监测纳入环境监测预警体系建设，加强土壤环境保护队伍建设。建立健全土壤污染防治法律法规和标准体系，研究制定有关土壤污染防治的法律法规和政策措施，组织制修订有关土壤环境标准，鼓励地方探索制定土壤污染防治地方性法规、标准和政策措施。增强科技支撑能力建设，组织开展土壤环境评价评估等技术方法研究，筛选污染土壤修复实用技术，开展国际合作与交流，不断提升我国土壤污染防治科技水平。加大土壤污染防治宣传、教育与培训力度。

第8章

生态与农村环境保护

8.1 生态与农村环境保护形势分析

“十一五”以来，经过相关部门的努力，我国生态环境保护取得明显进展，在经济发展快速增长、资源开发加剧的情况下，生态环境质量总体保持稳定。然而，我国生态环境形势依然十分严峻，水土流失、土地退化依然严重，部分重要生态功能区生态恶化趋势尚未遏制，生态功能尚在退化。

8.1.1 工作进展

（1）重点区域自然生态保护工作稳步推进。“十一五”期间，我国以重点区域的生态环境保护为重点，实施了一系列生态保护与建设工程。森林、湿地、草原等生态系统保护力度加大，林业重点工程稳步推动，沙化土地治理、水土保持、退牧还草工作成效显著，部分地区生态环境存在改善趋势。重要生态功能区保护得到加强，《全国生态功能区划》《国家重点生态功能保护区规划纲要》先后发布，甘南黄河水源补给生态功能区、青海湖流域、塔里木流域等重要生态功能区的综合治理规划得到批复和实施。生态环境状况评价工作得到开展，颁布了《生态环境状况评价技术规范》，每年定期发布《全国生态环境质量报告》。颁布实施了《关于开展生态补偿试点工作的指导意见》，生态保护工作的长效机制构建得到初步探索。

（2）自然保护区建设与管护进一步强化。截至 2008 年底，全国已建立各种类型、不同级别的自然保护区 2 538 个，保护区总面积约 148.9 万 km^2，约占陆地国土面积的 15.5%。初步形成了类型较多样、格局较合理、功能较健全的自然保护区体系。重点保护野生动物数量总体呈上升态势。自然保护区的监督管理得到加强，完善了国家级自然保护区评审机制，开展了国家级自然保护区评估工作，《国家级自然保护区规范化建设标准》正在制定。

（3）生物多样性保护和生物安全管理工作有序推进。全国生物物种资源调查稳步推动，物种资源编目工作已基本完成，初步建立了全国物种资源及保护现状数据库，农业野生植物资源普查工作持续开展。在物种资源调查的基础上，环保部门联合相关部门共同编制印发了《全国生物物种资源保护与利用规划纲要》，开展了全国生物多样性评价试点工作。迁地保护工程成效显著，全国圈养大熊猫种群数量已达到 268 只；朱鹮突破 1 000 只。生物多样性保护的国际合作全面加强。生物安全管理有序推进，制定了《履行〈卡塔赫纳生物安全议定书〉国家方案》，以农业外来入侵有害物种防治为重点，开展了外来物种调查和治理除害工作。

（4）资源开发的生态监管工作得到加强。矿产资源开发的生态监管工作明显加强，环境保护部联合相关部门印发了《关于切实做好全面整顿和规范矿产资源开发秩序工作的通知》和《关于防范尾矿库垮塌引发突发环境事件的通知》，着力查处矿产资源开发的环境违法行为，有效消除了矿山开发的环境安全隐患。积极落实《关于逐步建立矿山环境治理和生态恢复责任机制的指导意见》，推动各地建立矿山环境治理恢复保证金制度。印发了《全国生态旅游发展纲要》，促进旅游资源可持续利用。

（5）农村环境保护工作不断加强。启动了《土壤污染防治法》《畜禽养殖污染防治条例》等法律法规的起草工作。印发了《全国农村环境污染防治规划纲要》，制定了《畜禽养殖业污染防治管理办法》《畜禽养殖业污染物排放标准》和《规模化畜禽养殖业污染防治技术规范》。农村环境综合整治工作成效初显，全国建成生活污水净化池 13.7 万处，户用沼气达到 2 200 多万户。化肥、农药污染控制力度加大，600 多个县开展了测土配方施肥项目，全面禁止甲胺磷、对硫磷等高毒农药的使用。启动实施了全国土壤环境污染状况调查和农业污染源普查工作。

（6）生态示范建设成效明显。目前，全国已形成生态省—生态市—生态县—环境优美乡镇—生态村的生态示范建设系列工作。14 个省（自治区、直辖市）开展了生态省（区、市）建设，全国有 500 多个县（市）开展了生态县（市）建设，其中 11 个县（市、区）被命名为国家生态县（市、区），全国环境优美乡镇达 629 个。在深化生态省（市、县）建设基础上，环境保护部印发了《关于推进生态文明建设的指导意见》。

8.1.2 主要问题

（1）生态环境恶化趋势仍未遏制。我国水土流失面积达 357 万 km^2，占国土面积的 37%，荒漠面积 263.6 万 km^2，占国土面积的 27.5%，90%以上的天然草场退化；人均水资源量仅为世界平均水平的 1/4，多数河流开发利用突破国际警戒线，生态用水被挤占，导致江河断流、湖泊萎缩、湿地干涸，水生态功能严重失调。

（2）生物多样性锐减，物种资源严重流失，外来有害物种大举入侵。我国濒危高等植物达 5 000 种，占总数的 25%，联合国《濒危野生动植物种国际贸易公约》列出的 740 种世界性濒危物种中，我国占 189 种，占世界总数的 1/4。大量生物物种通过各种途径流失海外的同时，外来有害物种入侵问题愈演愈烈，严重威胁我国的自然生态系统，据估计，外来有害物种入侵每年造成的经济损失达 1 200 亿元左右。

（3）农村环境问题突出，制约农村经济社会发展。据测算，全国农村每年产生生活污水约 90 亿 t，生活垃圾约 2.8 亿 t，绝大多数污水随意排放，垃圾随意堆置。我国化肥和农药年施用量分别达 4 700 万 t 和 140 万 t，而利用率仅为 30%～35%，流失的化肥、农药造成了水体和土壤污染。随着城市污染控制力度的加强，污染严重的工业企业向农村地区转移增加，成为农村新的污染源。全国近 2.5 亿农村人口还存在饮水不安全问题。

（4）生态保护和农村环境综合治理工作基础能力薄弱。自然生态和农村环境保护的法规、政策、标准体系不完善，环保部门实施统一监管的手段不足，能力建设严重滞后，队伍、技术力量薄弱，投入机制不健全，不能满足实际工作的需要。农村环保基础设施建设严重滞后，许多地区存在污染治理的盲区和死角，全国 4 万多个乡镇和近 60 多万个行政村中，绝大部分没有建设配套的污染防治设施。农村环保监管能力薄弱，环境监测和环境监察工作尚未覆盖广大农村地区。

8.1.3 未来形势与压力

人口持续增长，经济社会高速发展和物质消费增长导致自然资源开发压力增大。土地资源、水资源、能源需求的增长将进一步增加对区域生态环境的压力。农田、森林、湿地等生态服务价值高的土地面临被占用的威胁。粮食需求增长一方面导致大量不适宜开发的土地被开垦为农田，另一方面可能导致一些重要的生态用地如湖泊、滩涂被占用。能源消耗的大量增长将进一步增加温室气体的排放，并加剧环境污染，加大资源压力。然而，我国粗放式的发展模式在短期内难以扭转，将在一定时间内加剧对自然生态环境的压力。

同时，我国还将面对国际公约的约束，履约任务艰巨。目前，我国加入的与生态保护相关的公约有《生物多样性保护公约》《联合国气候变化框架公约》《联合国防治荒漠化公约》《湿地公约》等。目前，我国生态保护现状和生态环境保护管理体制、能力和技术经验与履约要求之间的差距还很大。

8.2 战略思路和指导思想

8.2.1 战略思路

我国生态保护工作任务繁重，涉及领域繁杂。这就要求在“十二五”期间，生态保护工作要突出重点，立足于国家赋予环保部门在生态保护领域的职能，以保障实现《全国生态环境保护纲要》和《全国生态环境建设规划》的阶段性目标为中心，围绕“自然生态保护、农村环境整治、生态统一监管”三大重点，统筹安排，构建我国生态保护的三大体系：

（1）加强重点区域生态保护和建设，构建国家生态安全体系。从维护国家生态安全的全局出发，加强重点区域的生态保护和建设，维护重要的生态功能，促进重点区域的生态状况的稳定和改善，为全面扭转生态恶化趋势奠定坚实的基础。加强自然保护区和重要生态功能区的保护和管理是建设我国生态安全体系的主要任务。自然保护区实施严格保护，加强监管，禁止人为破坏，提高建设质量。重要生态功能区实施“释放压力，休养生息”的方针，采取综合措施恢复区域森林、湿地、草地等自然生态系统，恢复生态功能，合理引导产业发展，禁止和限制破坏生态功能的资源开发活动，减轻生态环境压力。

（2）以奖促治，以奖代补，以激励为主，城乡统筹，不断强化农村环境治理与保护。抓住中央推进农村环境保护、解决影响农民健康的环境问题的机遇，做好农村（生产和生活两大领域）环境保护工作，建设清洁家园、清洁田园、清洁水源，保障食品安全。以实行“以奖促治、以奖代补”政策和强化监管为主线，建立和扩大农村环境保护的专项资金，建立健全农村环境综合整治体系。完善目标责任制，加强农村环保监管能力建设，完善农村环保经济政策和推广农村环保适用技术，率先针对重点流域、区域和问题突出地区开展集中整治。以加大畜禽养殖污染防治力度为突破口，强化农业环境监管工作。编制实施《全国农村环境综合整治规划》，统筹农村环境综合整治工作。

（3）构建生态监测网络，完善生态保护监管体系。将生态监测网络体系建设作为“十二五”期间的重点任务之一，充分利用环境卫星资源，建立和完善地面监测台站，建立天地一体的生态监测网络，完善生态评价指标与方法，分类型制定生态状况评价技术方法和标准。建立生态保护和建设工程效益的评估机制。完善法律法规、部门规章和技术规范，加强在生物安全、物种资源利用、资源开发的生态监管。完善生态补偿，构建生态保护的长效机制。

8.2.2 指导思想

落实科学发展观，以改善生态环境质量和维护国家生态环境安全为目标，实践综合生态系统管理，围绕重点地区、重点生态环境问题，分类指导，分区推进，加强法治，严格监管，减轻人为破坏生态环境行为，保护和改善自然恢复能力，巩固生态建设成果，实现部分地区的生态环境持续改善，为 2020 年全面遏制生态退化，实现小康社会奠定自然生态基础。

8.2.3 基本原则

生态保护与生态建设并重。在加大生态环境建设力度的同时，必须坚持保护优先、预防为主、防治结合，巩固生态建设成果，扭转部分地区边建设边破坏的被动局面。

统筹规划，突出重点。生态环境问题成因复杂，任务繁重，许多问题难以在短期内解决，必须进行近远期、部门间、城乡间的统筹考虑和规划。优先抓好对全国有广泛影响的重点区域和重点工程。

政府主导，社会参与。政府相关部门应发挥主导作用，制定相关的法规、标准、政策和规划，并组织实施。同时，要充分利用生态保护与社会公众利益的密切关系，制定政策和机制，发挥公众在资源开发监管中的监督作用。

8.3 目标与指标

8.3.1 目标

到 2015 年，全国部分重点区域生态恶化趋势初步遏制，部分区域生态环境质量明显改善；农村环境污染加剧的趋势得到初步遏制，环境问题突出的村镇基本得到治理。保障国家生态安全的生态系统格局基本形成，生态系统服务功能得到恢复。

自然保护区、重要生态功能区的生态功能基本稳定，部分区域生态环境质量明显改善。初步建立起适应我国生态保护需要的协调管理体制和机制，初步建立起结合环境卫星的生态监测网络体系。全国一半以上的省、市、县启动生态省、生态市、生态县的建设任务。

8.3.2 指标

（1）生态安全体系指标。

- 重要生态功能区生态状况改善的个数比例 48%。国家重要生态功能区个数为 50 个，《主体功能区规划》提出的近期加强保护和建设力度的个数为 24 个。
- 实现国家级自然保护区建设标准的个数比例达到 50%。《国家级自然保护区规范化建设标准》正在制定，2010 年前应能颁布实施，继续沿用“十一五”规划的指标。
- 森林覆盖率达到 21%。“十一五”期末森林覆盖率达到 20%，同时《全国生态环境建设规划》确定 2030 年目标值为 24%，基本上为 5 年提高 1 个百分点，因此，确定 2015 年目标为 21%。
- 天然湿地受保护的比例为 65%。2008 年受保护的面积比例为 49%，2020 年的目标值为 90%。

（2）农村环境综合整治体系指标。

- 达到《村庄环境综合整治建设标准》的村庄比例提高了 3%。基于《全国农村环境综合整治规划》初步拟定的目标，“十二五”时期规划完成 20 000 个村庄的综合整治，约为全国村庄总数的 3%。

（3）生态监管体系指标。

- 生态监测网络面积覆盖率达到 20%以上。《生态保护宏观战略》提出到 2020 年，以生态系统功能为导向的生态环境监测网覆盖率达到 60%，同时，考虑到生态监测技术规范的完善，以及“十二五”期间重要生态功能区面积覆盖率也在 20%左右，因此，确定目标值为 20%。

8.4 主要任务

8.4.1 启动重要生态功能区保护和管理

落实《国家重点生态功能保护区规划纲要》，重点加强大小兴安岭森林、长白山森林、川滇森林、秦巴山地森林、藏东南山地森林、阿尔泰山地森林、三江源湿地、塔里木河荒漠、阿尔金草原荒漠、藏西北羌塘高原荒漠、三江平原湿地、苏北沿海湿地、若尔盖湿地、玛曲湿地、川滇干热河谷、呼伦贝尔草原、科尔沁沙地、浑善达克沙地、毛乌素沙地、黄土高原、大别山山地、西南喀斯特山地等 24[①]个重要生态功能区的保护和管理。

逐步建立重要生态功能区管理体制和运行机制。建立由政府主管领导牵头、相关部门积极参与的生态功能区建设和管理协调机制，建立和完善各级领导任期目标责任制，将重要生态功能区主导生态功能的保护列为领导干部政绩考核的重要内容。

8.4.2 加强国家级自然保护区管护能力建设

科学规划自然保护区布局。以国家级自然保护区建设为重点，加强自然保护区网络体系建设。将西南高山峡谷区、中南西部山地丘陵区和中国管辖海域区等生物多样性丰富地区以及目前自然保护区建设相对薄弱的地区作为重点建设区域，建立区域布局合理、类型多样、典型示范作用强的国家级自然保护区体系。加强自然保护区基础设施建设，提高自然保护区的管护能力与建设水平。加强对保护区周边资源开发活动的监控引导，完善自然保护区建设与管理的法制体系，建立自然保护区的警告、升降级及定期考评制度，对部分保护价值明显下降和管理水平低下的保护区，应进行警告、降级或除名，促进自然保护区管理水平的提高。提高监测与研究水平。

8.4.3 加强物种资源保护和生态安全管理

实施《全国生物物种资源保护与利用规划》。继续开展全国物种资源本底调查工作，加强重点地区的生物物种及遗传资源的调查和编目。建立物种资源监测与预警系统，在现有各部门分散监测设施和网络的基础上，形成全面、部门协调一致的物种监测网络。开展生物多样性评估。

研究制定《外来入侵物种防治条例》。建立起科学有效的外来物种防治措施、协调管理和应急机制；对外来物种进行全面调查与评估，开展外来入侵物种对生物多样性和生态环境的影响研究。制定《转基因生物安全法》，加强对转基因生物体、病原微生物的监控管理，努力将转基因生物及其产品在生产、转运、销售和使用过程中可能对生物多样性、人类健康及生态环境的影响降低到最低水平。

做好《生物多样性公约》和《生物安全议定书》履约工作。推动地方建立生物多样性保护协调机制，与国外相关机构密切合作，推动有关国际合作项目的顺利实施，制定和完善遗传资源保护与管理标准、规范。建立政府、科研单位和相关生物技术企业的信息交流机制，使我国生物多样性的资源优势尽快转化为经济效益。提供《生物多样性公约》与《联合国气候变化框架公约》之间协同增效的科技支撑能力和应对能力，通过建立自然保护区，保护、恢复和重建能够提供重要产品和服务的生态系统。

① 全国生态保护规划确定数量为 22 个，后增补海南岛、祁连山两个重要生态功能区。

8.4.4 推动自然资源开发的生态保护监管

（1）严格控制破坏地表植被的开发建设活动，防治水土流失。对资源开发活动的生态破坏状况开展系统的调查与评估，制定全面的生态恢复规划和实施方案，针对矿山、取土采石场等资源开发区、地质灾害毁弃地和塌陷地、大型工程项目建设区的裸露工作面开展生态恢复。加强生态恢复工程实施进度和成效的检查与监督。加强对尾矿、矸石、废石等矿业固体废物及其贮存设施的监督管理，防止环境事故发生。

（2）加强水资源开发生态保护监管。探索建立河流生态健康评价标准和方法。协调好生活、生产、生态用水，引导经济社会发展与水资源条件相适应，维持健康的水生态系统。在干旱与半干旱地区建设水坝、平原水库、调水工程，要充分考虑生态用水需要。西部和北方水资源短缺地区，限制高耗水产业发展。大型水电站建设要全面评估对区域生态环境的影响。

（3）强化旅游资源开发活动的生态保护。加大旅游区环境污染和生态破坏情况的检查力度，做好旅游规划中有关环境影响评价的审查、指导、督促工作，重点要加强对生态敏感区域旅游开发项目的环境监管，建立健全地方性的规章制度、标准和考核办法，规范旅游开发活动，开展生态旅游试点示范。

8.4.5 加快农村环境综合整治

（1）加强农村饮用水水源地保护，保障农村饮水安全。重点抓好农村饮用水水源的环境保护和水质监测与管理，根据农村不同的供水方式采取不同的饮用水水源保护措施。集中饮用水水源地应建立水源保护区，加强监测和监管。加强分散供水水源周边环境保护和监测，及时掌握农村饮用水水源环境状况，防止水源污染事故发生。制订饮用水水源保护区应急预案，强化水污染事故的预防和应急处理。大力加强农村地下水资源保护工作。科学规划区域产业发展布局，严格限制在饮用水水源保护区上游建设污染严重的化工、造纸、印染等企业。定期开展农村饮用水水源地环境保护专项执法检查。

（2）加强农村生活污水和垃圾处理，改善村镇人居环境。因地制宜开展农村污水、垃圾污染治理。逐步推进县域污水和垃圾处理设施的统一规划、统一建设、统一管理。有条件的小城镇和规模较大村庄应建设污水处理设施，城市周边村镇的污水可纳入城市污水收集管网，对居住比较分散、经济条件较差村庄的生活污水，可采取分散式、低成本、易管理的方式进行处理。加强农村废弃物的综合利用。逐步改善农村能源结构。

（3）大力推进健康养殖，加强畜禽、水产养殖污染防治。科学划定畜禽饲养区域，改变人畜混居现象，改善农民生活环境。鼓励建设生态养殖场和养殖小区，通过发展沼气、生产有机肥和无害化畜禽粪便还田等综合利用方式，重点治理规模化畜禽养殖污染，实现养殖废弃物的减量化、资源化、无害化。对不能达标排放的规模化畜禽养殖场实行限期治理等措施。开展水产养殖污染调查，根据水体承载能力，确定水产养殖方式，控制水库、湖泊网箱养殖规模。加强水产养殖污染的监管，禁止在一级饮用水水源保护区内从事网箱、围栏养殖；禁止向库区及其支流水体投放化肥和动物性饲料。

（4）采取综合措施，控制农业面源污染。在做好农业污染源普查工作的基础上，着力提高农业面源污染的监测能力。大力推广测土配方施肥技术，积极引导农民科学施肥，在粮食主产区和重点流域要尽快普及。积极引导和鼓励农民使用生物农药或高效、低毒、低残留农药，推广病虫草害综合防治、生物防治和精准施药等技术。进行种植业结构调整与布局优化，在高污染风险区优先种植需肥量低、环境效益突出的农作物。推行田间合理灌排，发展节水农业。

8.4.6 继续推动生态示范创建

（1）提高生态示范建设和管理水平。制订生态省（市、县）建设成效评估办法，适时修订《生态省（市、县）建设指标》，研究制定生态文明建设成效评价指标体系。以建设生态省、市、县、环境优美乡镇和生态村为载体，推动区域经济、社会和人口、资源、环境的协调发展，降低资源消耗和环境污染，提高人们的生产、生活环境质量。

（2）分类分区推进生态示范建设。根据各地自然条件、社会经济基础，分类指导，分区推进，因地制宜开展生态省（市、县）建设工作。在稳定东部地区建设成果的同时，鼓励经济发展条件较好并位于重要生态功能区域的市、县开展生态市、生态县建设。加大中西部地区推进力度，将环境优美乡镇、生态村建设作为实行“以奖促治”和“以奖代补”政策的配套措施。加强宣传和培训，稳步扩大生态省（市、县）建设的覆盖面。

8.4.7 完善生态补偿机制

在生态补偿政策试点的基础上，按照“谁开发、谁保护，谁破坏、谁恢复，谁受益、谁补偿，谁污染、谁付费”的原则，研究建立自然保护区、重要生态功能区、矿产资源开发和流域水环境保护等重点领域生态补偿标准体系，落实补偿各利益相关方责任，探索多样化的生态补偿方法、模式，建立生态环境共建共享的长效机制。

8.5 保障措施

8.5.1 尽快完善法规政策体系

推动自然生态和农村环境保护重点领域，特别是需要综合防控的领域，率先研究制定相应法律法规，包括《自然保护区法》《土壤污染防治法》《农业污染防治法》《转基因生物安全法》以及《畜禽养殖污染防治条例》《生物遗传资源管理条例》等。

在政策的研究制定方面，加大生态补偿政策的工作力度，争取有关部门对试点有实质性的投入和支持；按照地域特点，研究制定村镇污水、垃圾处理及设施建设标准和规范；开展农村环境保护政策的研究和制定工作，包括秸秆综合利用、生态养殖、有机肥生产等扶持政策。建立农村环境综合整治目标责任制，加强对地方各级政府领导实施农村环境综合整治规划的目标考核。

8.5.2 建立和完善部门协调机制

针对资源开发引起的生态环境保护等问题，建立定期或年度的部门联合执法检查制度。加强对生态环境有重大影响的资源开发和项目建设的环境影响评价。建立完善的生态保护统计体系。建立自然保护区动态管理机制，开展定期的自然保护区质量和管理能力评估，建立自然保护区警告、升降级制度。把各级政府对本辖区生态环境保护责任落到实处，建立生态环境保护与建设的审计制度。

8.5.3 加强技术研究与推广应用

加强重点领域的基础研究和科技攻关，加强对科研院所的科研能力建设支持，优先安排重大生态环境问题与关键技术科研课题。加强对外交流与合作，共同开展自然生态和农村环境保护领域重大战略与理论研究。重点开展城市水体生态修复、土壤污染防治与农村环境综合整治、重要生态功能区保护和建设的方法与技术模式、生物多样性与生物安全支撑技术、生态系统监测、评价等关键技术的研究。对经实践验证具有较好效果的成熟技术模式，进行推广与应用。建设国家生态环境保护科技资源信息共享平台。

8.5.4 建立多渠道的投资体系

积极争取财政投入，建立自然保护区专项资金，按照相关责权分别用于自然保护区建设和运行管理。充分发挥市场机制，广泛吸纳社会资金投入生态环境保护与建设。农村环境综合整治项目所需资金，应由中央和地方共同负担。国家新增财政支出应加大对农村环境综合整治的投入力度，对经济欠发达地区重点扶持，对农村污染问题突出的地区优先安排。地方各级政府应积极筹措资金，加大投入力度，同时引导和组织好受益群众投工投劳，参与建设工作。

8.5.5 加强基础能力建设

加强相关领域的基础调查、监测、评价能力建设，从生态安全、生态系统健康、生态环境承载力等方面对区域、流域生态环境质量进行系统评价，为生态保护决策提供支持。开展生态环境监察试点工作，建立基层生态环境监察队伍，保障资金，开展人员培训，提高生态环境保护执法能力。建立和完善城乡环境监测体系，加强农村饮用水水源地、基本农田等重点区域的监测。积极推动环保机构向县以下延伸，逐步建立覆盖城乡的环境监察体系。

8.5.6 建立公众参与和监督机制

深入开展生态环境国情、国策教育，开展自然生态和农村环境保护培训，重视生态环境保护的基础教育，引导广大群众自觉培养健康文明的生产、生活和消费方式。发挥新闻媒体的宣传和监督作用，积极宣传自然生态和农村环境保护相关方针政策、法律法规，公开典型案例，普及生态知识，提高公众保护生态环境的自觉性。

第9章

环境监管能力建设

9.1 环境监管能力现状与问题

环境监管能力建设成效显著，环境监管水平稳步提升。《国家环境监管能力"十一五"规划》是第一个环保系统能力建设规划，将中央和地方环境监管能力建设规范化和制度化，并使资金支持有了保障，规划的实施有效地促进了环境监管水平的提升。规划确定的 13 项建设任务，建设项目共计 50 个，作为"加大环境污染防治，推进节能减排工作"利器的全国环境监管能力得到较大提升，规划实施取得积极进展，规划主要项目进展良好，基本实现了时间过半、任务过半。截至 2008 年年底，《规划》累计下达投资 116.69 亿元，其中中央投资 61.78 亿元，地方投资 28.58 亿元，企业自筹 22.3 亿元，赠款 4.03 亿元。随着规划的实施，全国环境监管能力得到较大提升，向建设具有我国特色的现代化、标准化、信息化的环境监管体系迈出了重要一步，初步形成了环保基础能力建设和环保工作相互促进、共同提高的良好态势，环保基础能力不适应环保工作的局面开始扭转，为建立科学、完整、统一、国际一流的污染减排统计、监测和考核体系奠定了基础，为实现污染减排目标提供强大的能力保障。

但随着硬件体系的建设和环境形势对环境监管能力要求的变化，单纯的硬件建设无法满足环境监管能力提升的需要，环境监管重点领域问题突出，能力建设"瓶颈"制约因素发生转移。①标准化达标建设存在较大差距，"十一五"规划目标难以实现。标准化建设达标率尤其是区县一级还不高，能力建设地区差距大，建设水平参差不齐，在当前环境保护和环境监测任务日益加重的情况下影响到部分工作的正常开展。②环保监测执法业务用房不足，严重制约环境监管能力的提高。大部分省份环境监管业务用房均存在较大缺口。③人员素质等"软能力"不高造成环境监管的实际能力未能得到有效发挥。目前环保系统处于历史性转变的新阶段，任务量和职责明显增加，但编制仍然延续以前甚至是几十年前的格局，造成目前环保部门"小马拉大车"的矛盾日益突出。2007 年全国环保系统实有人数约为 17.7 万人，平均一万人中只有一名环保系统人员。专业技术人员比例低，人才资源不足、人才结构不合理、人员的素质和发展要求与目前实际还存在较大的差距等"软能力"已经成为环保能力建设的短板。④环境监管经费难以保障，部分业务难以开展。一方面环境监管业务经费不足，监测任务越多、执法力度越大，仪器设备和自动监控系统越多耗费正常业务费越多，运行经费就越难保障。另一方面是设备的运行维护问题，包括污染源在线自动监测装置的运行维护问题。监测、监察等仪器配置投入运行后备品备件和易损易耗件购置及设备质量管理费用不能纳入政府财政预算，致使仪器设备难以正常运行，严重制约了环境监管能力的提升。

9.2 要求与差距

尽管《规划》实施取得了良好的成效，环境监管能力得到较大提升，但由于我国环境监管能力建设长期滞后，欠债较多，环境监管能力建设滞后的总体局面没有得到根本改善，环境监管能力与新形势下环保工作的需求差距仍然较大。

（1）新时期环境保护任务需要与之相适应的环境监管水平。环境质量目标要求。在“十二五”期间，还将可能是总量控制+质量控制的模式，将大幅度增加质量目标的内容，并逐步将环境质量纳入考核范围，重点在地市、区县一级环境保护规划中具体体现，积极探索质量主导的规划目标指标体系。环境规划目标指标向环境质量靠拢并实施考核，必然会要求相应的环境监测体系不断完善，监察执法水平不断提高。为全面反映全国环境质量变化，必将调整目前国控监测断面主要分布在大江大河干流的点位分布，优化调整监测布点，同时需要着力解决数据失真问题、可比性问题、区域评价方法、数据质量控制、国控点位运行机制等质量考核前期基础问题。另外，保障环境安全，防范环境风险的要求也从环境安全、环境风险的视角对能力建设，尤其是环境应急能力提出了新的要求。

（2）金融危机下保证企业污染设施运行对环境监管提出了更高的要求。受金融危机的影响，经济增长面临的困难增多，经济增速放缓趋势明显，企业经济效益下滑，一些地方政府在保增长、保就业的情况下容易放松环境监管的要求，一些原来停产的落后产能，如小造纸、小石灰窑等小型污染企业存在死灰复燃的风险。同时，由于企业经营困难，利润下降，环保治理资金筹措困难，企业日常环境管理放松、污染防治设施不正常运转等均会带来的环境风险问题。这就要求继续加大环境监管力度，通过环境监察执法、提高污染治理设施运行率。

（3）新型环境问题的出现要求环境监管领域不断拓展。随着经济的不断发展和工业化的不断推进，环境形势的不断变化，在常规污染尚未完全解决的同时，POPs、VOCs、臭氧等新型环境问题不断出现，新型污染物控制问题逐步进入议事日程。具备“说得清、测得准”的能力是开展污染控制的基础，需要完善相应的环境监测、监管体系。农村环境问题也是全面实现小康社会的重要内容，农村环境监管体系建设目前尚处于起步阶段，也将是未来开展农村环境管理的必然要求。为全面落实我国负责任的环境大国形象，要求其具备相应的环境监管能力。

9.3 基本思路

“十一五”环境监管能力规划以仪器配置等硬件建设为主，采用平行推进的方式，着重加强各级环境监测、监察机构的标准化建设，对提升环境监管能力，加强环境监管意义重大。但环境监管能力以解决基本需求为主，尚未到上水平、长层次的程度，与环境保护任务需求难以匹配，重点领域能力问题依然十分突出。“十二五”期间，以建立与新时期环境保护任务需求相匹配的环境监管能力体系为目标，重点围绕“三个三”推进环境监管能力建设，即集成三大体系、实现三个转变、统筹三个体现。

9.3.1 建设范围上综合集成三大体系，界定环境监管能力范围和领域

与“十一五”环境监管能力建设规划一致，环境监管能力建设以建立完备的监测预警体系、完善执法监督体系为重点，逐步加强环境管理支撑体系建设，综合提高环境监测、监察、信息、统计、宣教、科研等领域的环境监管能力，统筹考虑、软硬兼顾、综合集成三大体系建设的目标、任务和政策。

9.3.2 建设思路上努力实现三个转变，合理确定环境监管能力建设重点

（1）由常规达标向全面达标转变，推进环境监管能力硬件配置再上水平。常规仪器配置达标或基本达标是环境监管能力建设的基本要求，重点解决从无到有的问题，远不是上水平的层次。通过“十一五”期间的建设，环境监管能力已具备一定的水平，“十二五”期间应努力实现由常规向全面达标转变，同时在硬件配置上再上水平、上层次。

（2）由注重硬件向全面提升转变，形成真正的环境监管能力。环境监管能力的提升仅仅增加硬件配置是不够的，目前制约环境监管能力的“瓶颈”已发生转变，在仪器配置显著增加的同时，无处可放、无人会用、无钱运行的问题尤为突出。因此单单注重硬件建设，无相应的软件提高，难以形成真正的环境监管能力，“十二五”期间应软硬兼顾，统筹考虑，全面提升。

（3）由齐头并进向重点扶优转变，侧重绩效，合理优化配置资源。由于各级环境监测、监察等事权不同，职责分工不同，任务需求不一，因而建设任务和要求有所差异，“十一五”期间采取的是齐头并进的方式，在环境监管能力达到一定水平之后，应根据各级环境监测、监察机构所承担的职责和任务需求，有选择、有重点地予以考虑，并非所有监测、监察机构都要配齐所有仪器设备，并非所有监测、监察机构都要配够足量的仪器设备，如地市政府驻地所在区县监测、监察任务在一定程度上可由该地市级环境监测、监察机构部分承担。在普遍提高的同时，应重点扶优，合理配置资源，提高资金使用效率。

9.3.3 建设层次上统筹三个体现，明确环境监管能力建设的差异性

（1）在中央与地方事权层面上，应重点体现国家事权，完善国控点位，优化国家网络。国家环境监管能力规划重点体现国家事权，解决共性问题，建设国家级环境监管网络，地方可根据国家环境监管能力建设总体要求，编制地方环境监管能力规划，重点体现地方事权以及解决各地差异性问题，重点完善地方级监控断面和点位，体现地方政府为环境质量负责的要求，努力提高地方环境监管能力。

（2）在省市县环境监管能力建设层面上，体现强化“配精省级、配强市级”，

选择性“配齐县级”。合理界定事权财权，分类分级确定省、地市、区县环保机构能力建设的重点，适度调整基础能力建设的架构和布局。在省市县三级层次的环境监管能力建设上，以事权划分为基础，根据承担的职责与任务需求，以省级和市级为重点，着重建设，重点提升，尤其是地市级环境监管能力水平的提高。选择部分承担专项任务、重要区域的区县级监测站等予以重点支持，根据事权重点增加与承担职责相一致的仪器设备。对无特殊需求的区县级环境监测、监察机构等配备一定的仪器设备满足基本需求即可，不作为能力提升的重点。

（3）在建设阶段层面上，体现重点，解决急需。环境监管能力的综合提高不是一蹴而就的，需要一段时间积累，环境监管能力建设应与阶段环境形势和任务需求相一致。环境监管能力建设应与“十二五”环境规划任务需求相衔接，不能撇开任务需求谈建设要求。

9.4 规划目标

9.4.1 总体目标

优化环境监测点位，完善国家环境质量监测网络，建成较为完备的环境监测业务、监测技术、质量管理技术和保障体系，具备“说得清、测得准”的能力，基本形成环境监测预警体系，环境突发事件应对能力显著提高。系统提升环境执法水平，完善重点污染源自动监控系统。环境管理基础设施和条件得到持续改善。初步建立起符合现代化要求的管理体制和运行机制。环境监管软实力得到较大提升，环境监管实际水平得到较大加强，形成与新时期环境保护任务需求相匹配的环境监管能力体系。

9.4.2 具体指标

（1）省级与地市级环境监测站全面达标率不低于 70%，地市级环境监测站全面达标率不低于 60%，县级环境监测站基本达标；做到省级测得全，市级测得准，县级测得出。

（2）省级与地市级环保执法队伍全面达标率不低于 80%，县级环保执法队伍建设基本达标。

9.5 主要任务

结合“十二五”期间环境保护规划目标与重点任务，以基础工程、保障工程、人才工程作为环境监管能力建设的重点，实现硬件建设和软件建设的同步与并重，形成真正的环境监管能力，提升环境监管实际水平，满足“十二五”期间环境保护需要。

9.5.1 重点推进基础工程建设

加强仪器设备等硬件配置建设，进一步推进环境监测、监察机构标准化建设。建立和完善环境监测、监察网络，优先建设重点流域与跨国界地区环境监测网，完善空气、水质自动站建设，建设国家空气背景站，提升自动化水平。开展环境监测执法业务用房等基础设施建设，满足基本实验用房需求。依据保障环境安全，防范环境风险的需要，重点加强环境应急能力建设。监测站点标示建设。根据“十二五”农村环境保护需要，探索农村环境监管模式，建立和完善农村环境监管体系。建设国家土壤样品库。综合提升大国环境形象，建立边境河流预警监测体系。加强饮用水安全，加强省级和重点城市饮用水水质全分析能力建设，加强地下水监测能力。依据“十二五”期间对新型环境问题和污染因子控制的需要，在满足常规环境监管能力提升的同时，在专项监测、$PM_{2.5}$、POPs、温室气体、VOCs 等方面加强环境监测能力，建立重污染区域的 $PM_{2.5}$ 监测点，在京津冀、长三角、长株潭三大经济圈、辽中、山东半岛、成渝、长株潭等城市增加 $PM_{2.5}$ 监测项目。建设城市空气质量 VOCs 监测试点和工业园区空气质量 VOCs 监测试点。将温室气体纳入环境统计体系，完善环境统计报表。将臭氧纳入大气环境质量标准体系，建立城市臭氧监测点。推动卫星遥感监测和地面监测相结合的国家级生态环境监测，建设国家生态观测站，建立生物监测分中心。建设和完善国家级重点实验室，提升环境科研水平。

9.5.2 加快推进人才工程建设

全国环保人才队伍年均增长率在 3%～5%，西部地区、县乡基层环保人才数量增加的速度应略高于总体平均水平，重点业务领域人才队伍建设得到加强；人才队伍的专业分布、机构分布、区域分布科学合理，环保人才的学历得到普遍提高，继续教育培训体系得以建立。

加快推进人才工程建设任务。环保人才工程建设要立足新时期环境保护形势的发展，树立“人才资本是第一资本”的观念，坚持党管人才、统筹协调，全面推进、突出重点，提高素质、优化结构，以人为本、完善机制等原则，重点加强环境保护党政人才、监测与执法人才、科技人才队伍的建设，优化人才发展环境，提高人才综合素质和创新能力，建设一流环保人才队伍。继续实施党政人才培训、加大党政人才的实践锻炼，加强高级党政管理人才队伍建设。实施环境科技领军人才培养计划、“环境学者”计划、“111”环境科技人才工程、加强环境科技人才工作平台建设，推动高级环境科技人才队伍建设。加快环境监测人才队伍建设步伐，加大环境执法监察人才队伍建设，实施“环境监测与执法人才建设工程”。加大对环境健康、气候变化、土壤污染防治等新型环保业务领域和核与辐射环境安全监管等紧缺专业的人才队伍建设力度。加强农村地区、西部地区与基层地区环保人才队伍建设。完善人才引进机制，加强双边与多边环境合作与交流，开展学科交叉培养，落实“国际化人才建设任务。创新、建立和完善选人用人机制，考核评价机制，分配激励机制和人才引进机制，营造有利于人才发展的环境。构建符合行业特点的终身教育体系，全面落实大规模培训干部任务，完善环保人才教育培训体系。

9.5.3 逐步推进保障工程建设

加强运行经费与维护经费、更新改造经费保障，建立经费保障渠道和机制，增强各级财政对能力建设的责任约束。依据“十二五”期间环境质量目标的需要，优化和完善环境监测和监控点位，调整点位布局，设置水质评估断面和考核断面。完善环境监测机构，满足开展环境质量监督性监测的需要，设立区域环境监测中心。强化对企业申报数据的监督。根据对环境风险进行综合评估的需要，完善环境监测技术体系和数据综合分析能力，重点完成地表水、空气和生态环境质量评价技术规范。建立健全环境监测质量管理制度体系，加强数据质量控制。修改完善《全国环境监测站建设标准》《全国环境监察标准化建设标准》以及达标验收办法。理顺环境监管体制，完善运行机制，统筹处理好监测与监察的关系，建立符合现代化要求的管理体制和运行机制。建立和完善污染源自动监控等方面的政策，统一重点污染自动监控能力建设标准、设备技术规范，建立健全污染源监控中心管理制度，实行重点污染源在线监控已联网设备数据传输质量控制，提高传输数据自动统计分析能力，保证污染源自动监控设备长期稳定运行。建设环境监测信息发布平台，统一发布，及时公布相关监测信息，保障公众知情权。

第 10 章

政策保障

10.1 民生为本，推行环境基本公共服务均等化

10.1.1 环境基本公共服务均等化内容与要求

环境基本服务项目包括基本的环境监测与评估服务、环境监管服务、污水及垃圾等环境治理服务、环境应急服务、环境信息知情服务。

环境基本服务均等化是指通过实施环境基本服务项目建设，政府对社会公众的所面临的环境问题进行干预，基本实现环境质量有人监测，环境破坏行为有人制止，环境污染及生态破坏有设施消除和恢复，环境事故有效预防和处理，环境知情权得到维护，使不分地域、不分城乡、不分阶层的社会公众逐步享有基本的、在不同阶段具有不同标准的、最终大致均等的环境基本服务。

到 2015 年，国家环境基本服务项目得到普及，城乡和地区间环境基本服务差距明显缩小。到 2020 年，环境基本服务逐步均等化的机制基本完善，居民的环境健康权益得到基本保障。

10.1.2 保障环境基本公共服务均等化的主要措施

（1）研究提出环境基本服务均等化的范围和标准，明确我国环境基本服务的范围、需要均等化的地区和领域，确定全国环境基本服务的种类、标准。

（2）合理界定各级政府在环境基本服务均等化中的职责。中央应建立专项基金对未能达到环境基本服务均等化的区域进行补助。

（3）强化各级财政对环境基本服务均等化的投入，建立环境基本服务均等化投入随经济总量增加和财政能力提高的自然增长机制。

（4）继续扩大农村环保专项资金规模及使用范围，加大财政对农村环境保护支持力度，强化农村环境综合整治和生态创建示范。

（5）完善群众参与监督机制，要做到请群众参与、受群众监督、由群众评判、让群众满意，切实提高群众的幸福度。

10.2 加强统筹协调，全方位多渠道增加环保投入

10.2.1 合理划分环境保护事权、财权，理清各级政府在环保投入中的责任

（1）按照公共物品和外部性理论，合理处理环境保护的政府和市场关系。结合污染者付费原则，完善体制，落实责任，明确划分政府和企业之间的事权关系。强化政策引导作用，积极营造良好的外部政策环境，提高企业落实环境保护责任的积极性和主动性。

（2）科学合理地划分与财权相一致的环境保护事权。在财权划分已较为明确、

事权划分尚不清晰的情况下，考虑到财权调整的难度，“十二五”期间应尽可能根据现有的财权划分体系，考虑确定中央与地方政府相应的环境事权。

（3）应建立环境事权划分的法律法规体系，以避免由于行政隶属关系而出现的环境事权下移的现象。

10.2.2 建立环境保护投资稳定增长机制，强化政府环保投入的主体地位

（1）环保投资稳定增长机制的建立，应充分结合“十二五”期间公共财政体制的改革方向，以建立和疏通环境保护投资有效渠道为重点，以法律法规的形式予以保障。

（2）强化“211 环境保护”预算科目经费保障。修改完善预算科目设置和预算定额标准，确定环境保护年度预算经费占财政预算支出比例，或者逐年按一定比例增长，建立环保年度预算经费总量与环保任务之间的联动机制。

（3）积极探索公共财政增加环保投入的突破口。考虑到年度预算超收收入的支出方向并未划定，应以此为突破口，借鉴陕西等省份的经验，规定年度财政预算超收部分的一定数量用于环境保护。用于环境保护的资金数量可以通过两种方式确定：①规定年度财政预算超收部分的一定比例用于环境保护；②以某一年度为基准年，确定基准年财政支持环保的基数，每年按照一定的比例增长。

（4）完善财政转移支付制度，将环境保护作为重要因素予以考虑，将主体功能区、环境基本服务均等化作为重要的因素。考虑到环境的外部性较强，地方政府和企业对环境保护的主动性不强等因素，在加大一般性转移支付的总体趋势下，不削减环境保护的专项转移支付。

（5）将部分特定收入作为专项，定向用于环境保护。建立环境税，税收收入专门用于环境保护。绿化消费税、资源税等环境相关税收体系，并部分用于环境保护。将出口退税等部分用于环境保护，建立稳定的资金来源渠道。加大环境保护法律中的惩罚力度，提高惩罚额度，以惩罚的形式将企业污染成本内部化，并在法律法规中明确罚款专项用于环境保护。在处罚的同时，加大环境监管力度，对污染较重或污染排放难以稳定达标的企业实行惩罚性环境保护投入，规定将企业年产值或利润的一定比例以押金的形式收取，若企业污染治理设施建设或改造完成并满足有关排放标准后，押金予以返还；若不能稳定达标，则按照年度滚动收取。在新建项目“三同时”环保投资中规定其占项目总投资的比例，稳定新建项目的环境保护投资。

（6）完善企业环境保护优惠政策。调整现有税收体系中增值税、营业税、所得税等对环境保护的优惠措施，加大优惠力度和优惠范围，鼓励企业加大环境保护投资的积极性和主动性。抵扣增值税，支持企业进行污染治理。

10.2.3 开展环保金融产品创新，拓展环保融资渠道

在加强政府投入的同时，创新环境金融产品，大力发行市政债券、企业债券、排污权质押和信托投资资金等，实现环保投入的多元化。

（1）加大市政环保债券发行力度。完善相关政策，形成以市政债券为主要的，以利用银行信贷、信托投资基金和多方委托银行贷款等为辅助的多渠道融资机制。

（2）进一步发展企业环保债券。配合《企业债券管理条例》的修改，制定相关配套政策，使企业债券融资能用于包括环境基础设施在内的市政项目的综合开发。适时开展以排污权质押为企业贷款解决担保的机制研究。

10.2.4 建立实施科学规范的环保投资—环保投入—环保支出统计体系

（1）优化调整环境保护投资口径。研究重新界定环保投资、投入、支出概念，规范分类统计。深入研究城市基础设施投资和建设项目“三同时”投资的交叉重复统计问题，提出解决方案。根据纯目的标准和环境受益原则，明确环保活动和设施分类，深入研究集中供热、燃气、清洁生产、循环经济、环保友好产品生产项目建设等纳入环境保护投资口径是否具有可行性和可操作性。在“十二五”期间力争对现有环境保护投资口径进行优化调整。

（2）优化完善环境保护投资统计方法体系。适应环境保护投资口径调整的要求，建立与之相适应的统计方法体系，使得我国的环境保护投资统计能够准确、直观、有效地反映我国环境保护投资现状，为环境保投资绩效评估提供数据平台。完善环保投资统计制度，建立环境保护投资数据库。

10.3 完善环境保护政策体系，践行中国特色环保新道路

10.3.1 完善法律法规及标准体系，体现全防全控理念

（1）进一步完备的环境法律。修订完善《环境保护法》《大气污染防治法》《环境影响评价法》《固体废物污染环境防治法》。制定土壤污染防治法、有毒化学品控制法、自然保护区法等方面的法律法规草案，填补环境理发的空白点。绿化现有法律，使环境保护理念渗透到整个法律体系。

（2）建立以末端控制为主覆盖生产全过程的排放标准体系。继续完善污染物排放标准，进一步严格常规污染物的排放限制，增加对非常规污染物的控制标准，鼓励地方政府制定更加严格的排放标准。同时除了继续坚持以末端控制为主的排放标准外，要逐渐向全过程控制延伸，关注污染的产生环节，完善清洁生产标准，推行清洁生产审计，制定污染减排及处理技术推荐名录。

10.3.2 健全区划规划及环评制度，建立解决环境问题的战略机制

（1）建立环境功能区划制度。编制全国环境功能区划，确定能够反映这些功能和区域差异的定量和定性指标，建立分区控制目标及管理政策，实施分区管理，分类指导。

（2）提高环境规划的权威性，发挥环境规划的宏观指导性。确立环保规划的权

威地位，坚持环保规划先行，与产业规划、土地规划、城市规划相协调统一，以环境容量优劣确定社会、经济发展空间，以环境优化发展。

（3）完善环境影响评价制度。加强和完善战略环评制度，尽快出台《规划环境影响评价条例》，建立环境影响评价综合决策机制，逐步建立包括项目环评、规划环评及区域环评在内的综合环评体系，加快从调整企业行为向调整政府、企业、公众行为转变，从控制物质生产环节向全过程控制转变。加强项目环评，完善环境影响评价执行机制，积极开展环境影响后评估，实施重大项目跟踪评价机制，制定环境影响评价考核、激励、问责机制。实现环境影响评价全程监控，提高环评制度的效率。

10.3.3 建立环境准入及退出长效机制，以环境保护优化经济增长

（1）建立环境准入制度。定期发布行业准入制度，加强产业发展引导，新上项目必须由环境保护部等部门颁发“环保准入证”，实行污染排放许可证管理。总量控制，建立重污染企业退出与新项目环境准入挂钩。

（2）建立重污染长效退出机制。制定高污染、高环境风险工艺和设备的淘汰标准，持续适时地公布淘汰目录和淘汰时间表，使其成为常态。建立企业环境行为评价制度，实施末位强制淘汰制度。实施严格的重污染企业信贷风险评价，给重污染企业发展“断粮”。实施差别电价、水价等差别资源价格政策，推动重污染企业退出。实施惩罚性环境排污收费和税收政策，提供技术支持，帮助重污染企业转型。

10.3.4 完善环境管理制度，采用综合手段解决环境问题

（1）继续推进环境经济政策。要建立健全上市公司环保信息披露制度，完善上市公司环保核查，深化绿色证券。继续会同财政部门更新绿色采购清单，扩大产品种类，深化绿色采购。尽快研究提出税收优惠政策，继续配合财政部门研究环境税费改革实施方案，推进绿色税收。继续制定“双高”产品及工艺目录，深化绿色贸易。积极推动开展排污交易、生态补偿、重污染企业退出市场机制、工商注册登记环保联动的试点工作。

（2）整合改进新建一批环境管理制度。改进排污许可证制度，尽快出台《排污许可证管理条例》及实施细则。改进总量控制制度。强化目标责任制。建立环境风险管理制度，从目前重点控制和管理常规污染物向关注营养盐过量和有毒有害物质的风险管理转变。建立面源与点源的 CDM 机制。

10.3.5 团结动员社会各界力量，走环境保护群众路线

以政府信息公开条例为指导，不断完善环境信息公开办法，推动中国环境信息的公开。各级环保主管部门要推动日常环境信息的公开，尤其是重点污染源的信息公开。“十二五”期间，要实行所有污染源在线监测以及环境质量自动监测数据的实时公开。强化部门间数据共享，建立环保部门、水利部门、建设部门等部门间环

保数据的共享机制。

继续推进企业环境信息公开。继续完善上市公司环保核查相关规定，建立上市公司环境行为信息披露制度；加快开展上市公司环境绩效评估试点，研究颁布上市公司环境绩效评估指标体系。

完善公众参与环境保护机制，加强环境信访、“12369”环境热线等环境信访渠道，实行有奖举报。拓展网络邮箱等投诉渠道，各级环保部门都要设立环保局长投诉邮箱，定期查看，限期回复。

第 11 章
规划编制和实施

布。建立规划评估结果的公开发布和反馈机制。

11.1 建立系统的环境规划体系

“十二五”环境规划体系的建立，应围绕“十一五”期间尚未完全解决的较为突出的环境问题和新出现的环境问题，以改善人民群众生活环境质量为基本出发点，以综合分析为先导，以要素规划为主线开展规划编制，实现环境总体规划与要素规划、国家环境规划与区域或地方环境规划、中长期规划与短期实施计划的“三统一”；以规划编制和实施工作进一步落实并拓展环境保护系统职能。初步考虑着力编制规划：①国家环境保护“十二五”规划；②总量控制实施规划；③水污染防治规划（含近岸海域、重点流域、饮用水水源地、地下水）；④大气污染防治规划（含重点污染物、重点行业、重点区域、重点城市、机动车）；⑤国家环境监管及应急能力建设规划（含环境监测、环境监察、环境应急、环境信息、环境宣教等）；⑥气候变化应对规划；⑦固体废物污染防治规划；⑧土壤污染防治规划；⑨全国生态环境保护规划；⑩农村环境保护规划；⑪核安全与辐射污染防治规划；⑫危险化学品风险防控规划；⑬重点环境保护设施工程建设规划；⑭环境监测事业发展规划；⑮重大预算项目战略规划；⑯农村环境综合整治规划（含农村饮用水水源地环保规划）；⑰国家环境执法监督体系建设规划；⑱国家环境保护标准规划；⑲国家环境与健康工作发展规划；⑳国家环境科技规划；㉑环境宣传教育“十二五”规划；㉒环境经济体制改革规划；㉓环境噪声污染防治规划等。

11.2 加强各规划之间的协调和衔接

11.2.1 总体规划与要素规划

对总体规划和要素规划进行重新定位与功能划分，提升总体规划的战略地位和政策地位，强化要素规划的执行指导作用。总体规划与要素规划根据自身定位确定目标和指标。总体规划内容按照要素展开，与要素规划建立直接对应关系。建立明确的规划编制流程，确保要素规划的按时实施。

11.2.2 国家规划与地方规划

避免国家与省级环境规划的时间错位，保证省级与国家环境规划的目标衔接协调。坚持自上而下，体现环境质量改善的国家意志，同时强化可达性分析和目标分解机制。

省级环保规划应重点针对省域内的主要环境问题，明确调控的目标（跨市河流考核目标和城市空气质量达标率的确定）和解决问题的优先排序，强调空间的合理布局，确定主要任务和政策措施，谋划重大工程项目，并测算投资需求和分析目标的可达性；同时，做好与国家和地市规划指标的衔接。地市级环保规划实际上应是省级环保规划的具体行动计划，突出环境质量的改善内容，主要涉及工程项目和投资需求两部分，重点分析上级规划确定的目标、指标实现的可达性。

省级规划既要做好与“国家规定动作”的衔接，又要根据地方特点确定“自选动作”。国家规划在确定统一控制目标的同时，也要坚持分类指导，为区域特色控制提出意见，通过国家规划与地方规划的有机衔接和合理分工，将全国环保规划体系融为一体，形成规划的合力。

11.2.3 环境规划与其他部门规划

加强规划编制阶段的部门协调，建立多层次的协调机制。健全政府绩效评定方法与问责制度。规划编制应体现“以环境容量优劣确定社会、经济发展空间”这一根本思路，坚持环境优先，把环境保护作为产业规划、土地规划和城市规划的前置条件，把环境容量作为城市发展的先决条件，以环境保护优化经济社会发展。

11.3 重视解决区域性环境问题

随着我国城市化进程的加快，我国区域性环境问题日渐突出，京津冀、长三角、珠三角城市集群集中出现阴霾天气、光化学烟雾等区域性问题，还有目前尚未根治的酸雨污染问题以及长株潭的重金属污染问题等。针对区域性污染问题，考虑从区域规划、区域总量控制、区域环评及区域联防联控等方面来控制。

（1）在以要素规划为主的前提下，打破行政区域界线，探索突出自然地理区域和经济发展大区的环境保护联合规划，明确区域内各个城市空气质量改善目标，明确防治措施及重点治污工程，明确目标考核要求。如京津冀环保规划、武汉城市群环保规划、长三角城市群环保规划、珠三角城市群环保规划。

（2）建立区域联防联控新机制，全面推进大气污染防治工作。组织划定大气污染联防联控重点区域，研究建立区域大气污染联防工作协调机构，协调解决区域大气污染防治的重大问题，确保区域大气污染防治规划相关的控制目标、政策措施以及治污行动能够得以有效贯彻和落实。

（3）实施区域总量控制。针对该区域的重点环境问题，选择有针对性的特征污染物建立区域总量控制体系。

（4）严格环境准入，实施区域环评、规划环评。针对区域环境总量，严格环境准入，实施区域环评和规划环评，从决策源头实现污染的控制。

11.4 规划工程项目处理

（1）根据确定的规划目标，进行目标可达性分析，根据可达性分析确定实现目标需要配套的主要工程项目类型，并出台项目申报指南。

（2）根据项目申报指南，地方政府逐级上报，实行严格筛选，防止重复申报。

（3）建立动态项目库，根据实际情况及时对项目库进行补充和完善，为项目实施、资金安排等奠定基础。

（4）针对不同项目的实施效果，将项目分为重点项目和一般项目，完善重点项目的投入机制，明确各项任务中央、地方的投入比例结构、投入方式等。

11.5 规划编制和实施机制

11.5.1 规划编制

为了指导各省（市）顺利地完成地方环境保护“十二五”规划的编制工作，实现与国家环境保护“十二五”规划的衔接与协调，特提出以下几方面的建议：

（1）地方环境规划目标与国家环境规划目标要一致。各层次规划间以环境目标体系建立关联，地方环境规划指标体系必须包含国家环境规划的指标，便于中期评估。地方环保规划应重点针对省域内的主要环境问题，明确调控的目标（跨市河流考核目标和城市空气质量达标率的确定）和解决问题的优先排序，强调空间的合理布局，确定主要任务和政策措施，谋划重大工程项目，并测算投资需求和分析目标的可达性。

（2）要强化目标指标的可达性分析和关联性。环境规划可达性重点表现为规划目标指标的可达性，在确定规划目标时，要做投资需求和经济技术可行性分析。

（3）强化落实和实施。落实年度实施计划和具体项目，分析资金、能力差距和要求。“十二五”各类环保规划要做到所有目标能够分解、所有任务有责任主体、所有项目有资金来源，切实提高规划的科学性和可操作性。

（4）根据本省实际，创新目标的实现方式。可以通过跨省界的排污权交易、跨省界企业兼并，实现本省的污染减排目标，提高整体环境效益。

（5）强化公众参与。强调规划决策中规划的利益主体——公众的参与，使各方面的环境利益得以表达，实现科学民主决策，地方政府在编制规划时可以邀请重点企业参与前期研究。

（6）强化环境与经济的协调发展，限制地方保护主义的措施。

11.5.2 规划实施机制研究

目前我国的环境保护规划管理与实施存在着明显的“重编制，轻实施，淡评估，无考核”现象。由于实施不力以及监督及考核等环节的缺失，使得现有环保规划成为一张没有力量的网，轻易就被实施过程中的各种力量突破，环境规划的实施效果和目标实现在很大程度上受制于经济发展与产业结构调整。针对这种情况，有必要建立科学的环境规划实施机制。

（1）提高环保规划的权威性，考虑立法保障。尽快确立环境保护规划的法律地位，制定环境编制与实施程序法，增强环保规划文本的法律强制性，合理赋予规划部门的权力范围，为规划编制、审批、公众参与制定法律依据。

（2）建立科学的规划任务分解机制，保证规划任务落地。对“十二五”环境目标在不同地区、不同职能部门之间进行分解，从而形成各地区各部门之间职权清晰界定的模式。要加强五年规划具体任务的年度分解和中期分解，并设置相应的目标和指标，便于年度评估和中期评估。

（3）建立有保障的资金投入机制。做实“211”环境保护科目，不断增加政府环保投入，同时加大市政债券和企业债券的发行力度，积极引导外资和社会资金参加环保建设，形成多元化的环保投入格局。完善重点项目的投入机制，明确各项任务中央、地方的投入比例结构、投入方式等。

（4）建立规划实施绩效评估考核机制。要形成制度化的环境规划实施年度考核、中期评估和终期考核机制，构建合理的评估指标体系，使规划目标与评估机制结合，使得指标能够真正反映环境改善的程度和执行部门的环保努力，并能够按照评估考核结果实施有力的奖惩办法。

（5）建立规划的定期修订机制。规划编制阶段要多进行公众参与和部门协调，多征求意见，尽量使规划目标及指标落到实处。规划目标任务确定要强调可达性，要进行经济技术可行性分析。编制应设计多目标情景方案及其边界条件，并建立规划调整的报批程序，建立常态的中期评估调整机制。

（6）实施规划激励与惩罚机制。严肃对待环保规划年度考核、中期评估和终期考核的结果，根据考核评分情况制定严格的奖惩措施，落实到位。制定对环境规划目标超额完成、提前完成或者在环境管理方法、手段等方面具有重大创新的地区的奖励制度。重点完善对各地区主要党政领导干部和分管领导的环保行政问责和惩罚制度，使得环保规划的考核结果与党政干部的评优、晋升机会等直接挂钩。

（7）建立合适的规划信息与共享机制。完善信息的上行、下行和平行传递和沟通机制。建立环保部门与发改委、水利、建设等部门的资源共享和信息沟通机制。加强环保部和省环保厅（局）的信息交流，保证对规划实施过程的有效控制。

（8）加强环境规划实施评估中的公众参与。加大规划编制、实施及评估中全过程引入公众参与机制，建立起制度化的长效公众参与机制。除继续发挥“12369”环保热线的功能外，还要开通环保部部长电子邮箱及各环保局局长电子邮箱，接受公众的建议、意见以及举报，定期向有关部门报送公众参与报告，并在网站上公布。建立规划评估结果的公开发布和反馈机制。

附件

国家环境保护“十二五”规划基本思路

"十二五"时期，是实现全面建设小康社会奋斗目标承上启下的关键时期，是深入贯彻落实科学发展观、构建社会主义和谐社会的重要时期，也是需要通过环境保护着力解决重大问题的战略机遇期。科学谋划"十二五"环境保护规划基本思路，对于指导环境保护"十二五"规划及各专项规划的编制和实施，全面推动"十二五"时期乃至2020年环境保护工作，具有十分重要的意义。

一、关于环境形势

（一）"十一五"期间环境保护取得积极进展

党中央、国务院高度重视环境保护工作，为"十一五"环保规划顺利实施提供了坚强的政治保障。以生态文明建设为指导，探索中国环保新道路，推进环境保护历史性转变，让江河湖泊休养生息等战略思想逐步形成共识。以污染减排两项约束性指标为抓手，推动环境质量改善，带动了全面工作。通过污染减排核查、重点流域水污染防治专项规划考核等措施，严格落实环境保护目标责任制。以大工程带动大治理，城市污水处理、电厂脱硫等工程建设取得突破性进展。以脱硫电价为标志的环境经济政策得以落实，规划保障措施有所加强。规划实施进度首次达到了规划目标的进度要求，部分指标超额完成任务。环境保护从认识到实践都发生了重要转变。

在经济快速发展的同时，"十一五"前三年主要污染物排放基本得到控制，环境污染恶化趋势得到一定程度缓解，部分地区生态环境质量有所改善，核与辐射环境安全得到保障。与2005年相比，2008年全国化学需氧量和 SO_2 排放量分别下降6.61%和8.95%。全国脱硫机组装机容量已达3.63亿kW，城市污水处理率提高到66%。全国七大水系国控断面好于Ⅲ类水质的比例由2005年的41%提高到2008年的52.8%。环境保护重点城市空气质量达到二级标准的城市由2005年的40.7%提高到2008年的57.5%。

（二）当前环境保护面临的形势

我国环境形势总体呈现"局部有所改善，总体尚未遏制，形势依然严峻，压力继续加大"的特点。目前，我国的水环境污染正处在有机污染尚未根本解决，营养物污染和有毒有害物质污染同时并存阶段。传统的煤烟型大气污染依然严重，并逐渐向区域复合型污染转变。点源污染与面源污染、生活污染与工业污染交织并存，工业及生活污染向农村转移的趋势，危及农村饮水安全和农产品安全。土壤污染源多而广。危险废物环境安全隐患较大，电子垃圾等新型固体废物污染问题日益凸显。生物多样性减少，生态系统功能下降。核安全形势不容乐观，输变电工程引发的电磁辐射问题已成为公众关注热点。

环境保护工作还存在薄弱环节：一是粗放的经济增长对资源环境压力仍然较

大；二是环保法律法规、环境标准有待健全；三是环境经济政策、环境管理制度和公众参与机制仍需完善；四是环保投入不足，治污设施稳定运行亟须加强；五是环境监管能力依然滞后，有法不依、执法不严的问题在一些地方还比较严重；六是环保科技和产业发展不能满足环保工作需要等。

（三）未来环境保护面临的机遇与挑战

“十二五”及未来一段时期，我国环境保护将面临前所未有的机遇。党中央、国务院把环境保护摆上了更加重要的战略位置，环境保护已进入国家经济社会建设的主干线、主战场和大舞台；综合国力增强、经济结构调整、绿色经济发展为环境保护工作奠定了重要基础；加快推进环境保护历史性转变、积极探索中国环保新道路为做好环境保护工作开辟了新途径；统筹人与自然和谐发展，大力推进生态文明建设为环境保护工作提供了新的历史机遇。

“十二五”期间我国仍将处于工业化和城市化快速发展阶段，经济结构调整和粗放型经济增长方式的根本转变还需要较长时间，环境风险不断增加、环境问题日趋复杂，我国的环境压力将继续加大。

（1）优化经济发展的压力进一步加大。“十二五”时期，我国经济总量仍将快速增加，后金融危机时代产业结构调整的路径和态势不确定性较大。重化工业的比重还将上升、增速仍将偏快，结构性污染仍十分突出，将对我国资源和环境带来极大的挑战。

（2）污染持续减排的压力进一步加大。若维持现有污染治理水平，到 2015 年，预计全国化学需氧量排放量将新增 400 万 t，氨氮排放量将新增 53 万 t；SO_2 排放量将新增 240 万 t，NO_x 排放量将新增 370 万 t。如不加大污染减排力度，主要污染物排放总量将远远高于环境承载能力。污染减排任务仍相当艰巨。

（3）改善环境质量的压力进一步加大。“十二五”时期，随着污染不断积累，我国环境问题将变得更为复杂：污染物介质将从以大气和水为主继续向大气、水和土壤 3 种污染介质共存转变，污染物来源由以工业和生活污染为主继续向工业和农村、生活、面源污染并存转变，污染物类型将从以常规污染物为主继续向常规污染物和新型污染物的复合型转变，污染范围从以城市和局部地区为主继续向区域、流域乃至全球尺度转变。改善环境质量的难度持续增加与人民群众的环境需求不断提高之间的矛盾更加突出。

（4）防范环境风险的压力进一步加大。“十二五”时期，我国经济社会处于快速发展和转型阶段，工业化仍处于重化工业阶段，突发性环境事件呈增多趋势，重金属、持久性有机物、放射性物质、危险废物和危险化学品等长期积累的环境问题将集中显现，防范重大环境污染事件、保障环境安全的任务更加艰巨。

（5）解决新环境问题的难度进一步加大。随着城市化进程的加快，机动车污染、土地污染、水体污染、生态失衡等一系列城市环境问题呈不断加剧之势。随着消费转型，废旧家用电器、报废汽车和轮胎等回收和安全处置的任务十分繁重。随着农业和农村现代化进程的加快，农业面源污染、农村污水垃圾、畜禽养殖污染等环境问题更加突出。随着生物技术、信息技术等新技术的发展，许多新的环境问题不断出现，环境风险日益加剧。

（6）应对国际环境挑战的压力进一步加大。国际金融危机表明，东亚生产、欧美过度消费、能源资源输出国供给原材料的全球增长格局受到巨大冲击，以牺牲环境为代价换取经济增长的传统发展模式难以为继，环境问题已成为影响国际政治经济关系的重要因素。我国 SO_2 和消耗臭氧层物质（ODS）排放量居世界第一，CO_2 排放量居世界前列，围绕气候变化等全球环境焦点问题的博弈日趋激烈。跨国界河流污染、酸雨、沙尘暴等跨界环境摩擦上升。核与辐射安全越来越受到世界各国的共同关注。日益严格的“绿色壁垒”将增加我国对外贸易的难度。

面对日益严峻的环境挑战，必须从国家战略的层面入手，以改善环境质量为立足点，以污染减排为主线，以保障环境安全为根本，积极探索源头控制、全面防范、高效治理、以环境优化经济增长的中国环保新道路。

二、关于指导思想

（一）指导思想

以邓小平理论和“三个代表”重要思想为指导，深入贯彻落实科学发展观，紧紧围绕生态文明建设，以削减主要污染物排放总量为主线，以解决危害群众健康和影响可持续发展的突出环境问题为重点，完善环境法制，强化环境监管，依靠科技进步，发展环保产业，加大环保投入，夯实工作基础，强化政府责任，鼓励公众参与，积极改善环境质量，保障环境安全，大力推进环境保护历史性转变，积极探索中国环保新道路。

（二）基本原则

（1）预防优先、防治结合。坚持源头预防，在经济社会发展战略、政策和规划的研究制定过程中充分考虑环境容量；坚持环境优先，以保护环境优化经济社会发展；坚持全过程预防，在生产、流通、分配和消费的各个环节融入环境保护；坚持高效治理，不断提高治污设施建设和运行水平；努力还清旧账，加快解决历史遗留的环境问题，消除环境安全重大隐患。

（2）全面推进、重点突破。坚持长远谋划，总体设计，对全局性、普遍性的环境问题，要全面部署、全面推进。同时，抓住重点地区、重点行业的突出问题、难点问题，集中力量率先突破。

（3）统筹兼顾、民生优先。坚持统筹污染防治和生态保护，统筹城市和农村环境保护，统筹国内和全球环境保护，兼顾需要与可能，合理配置公共资源。坚持以人为本，将喝上干净的水、呼吸清洁的空气、吃上放心的食物等民生问题摆上更加突出的战略位置，加大预防、保护和治理力度，切实维护人民群众环境权益，增进人民福祉。

（4）分类指导、分级管理。坚持因地制宜，在不同地区和行业实施有差别的环境政策，突出目标指标的区域差别，实施区域性、特征性污染控制。坚持开拓创新，鼓励有条件的地方采取更加积极的环保措施，鼓励各地积极探索富有地方特色、适合当地情况的环保模式。逐步厘清环境保护事权，实行有区别的环境保护目标，层层落实、严格考核、各负其责。

（5）政府主导、协力推进。强化环境保护的国家意志，落实政府责任，加强部门协作，力争做到目标、任务和投入、政策相互匹配。鼓励全社会参与环境保护，促进企业履行环境责任，加强环境信息公开和舆论监督，形成政府、社会、企业相互合作、共同行动的环境保护新格局。

三、关于规划目标

（一）规划目标

到 2015 年，主要污染物排放得到控制，重点地区和城乡环境质量有所改善，生态环境总体恶化趋势得到基本遏制，确保核与辐射安全，为全面建设小康社会奠定良好的环境基础。

到 2020 年，主要污染物排放得到有效控制，生态环境质量明显改善。

（二）规划指标

主要水污染物排放总量持续削减，全国化学需氧量排放总量比 2010 年减少 5%～10%，氨氮排放总量比 2010 年减少 5%～10%。

主要大气污染物排放总量持续削减，全国 SO_2 排放总量比 2010 年减少 5%～10%，全国 NO_x 排放总量比 2010 年减少 5%～10%。

全国地表水环境质量有所好转，地表水国控断面劣Ⅴ类水质的比例小于 15%（“十一五”目标为 22%），七大水系国控断面好于Ⅲ类的比例大于 60%（目前为 55%）。

环保重点城市空气质量好于二级标准的天数超过 292 天且环境空气质量在二级以上的重点城市达到 70%。

四、关于重点任务

（一）水环境保护

以让江河湖泊休养生息为指导，创新水环境管理思路。统筹考虑重点流域、饮用水源地、近岸海域、地下水污染防治，按照流域—控制区—控制单元相互对应的控制体系，强化污染源—入河排污口—断面水质相一致的关系，在重点流域开展水环境质量控制。

实行严格的饮用水水源地保护制度，将饮用水水源地环境保护作为优先领域，确保群众饮水安全。加强汇水区工业污染源有毒有害物质的管控，严格管理与控制一类污染物的产生和排放。加大水源地水质全指标分析工作。完善饮用水水源环境信息公开制度。重点解决水源地受高藻、高氨氮、高有机污染和石油类、重金属等特征污染物威胁问题，到 2015 年，水质达标的城市集中式饮用水水源比例不低于 90%。

继续推进重点流域水污染防治工作。编制全国重点流域水污染防治规划。强化淮河、海河、辽河、黄河中上游、松花江、三峡库区及其上游，以及太湖、巢湖、滇池等重点流域的水污染防治工作，重点流域内城市要编制城市水污染防治规划。到 2015 年，松花江和淮河流域水污染防治工作取得显著成效，三峡库区及其上游、海河和辽河污染负荷大幅度下降且水质有所好转，滇池水质有所改善，太湖和巢湖湖体富营养化趋势有所遏制。加大长江中下游、珠江流域水污染防治力度，使流域水环境质量保持稳定并力争有所好转。探索建立水生态环境质量评价标准体系。将西南、西北、东南及洞庭湖、鄱阳湖、抚仙湖、梁子湖等地区作为保障和提升水生态安全的重点地区，率先开展水生态安全综合评估，研究制定重点湖库水生态安全重点保障和综合治理方案。加大重点跨国界河流环境管理和污染防治力度。

继续推进并不断深化主要水污染物污染减排，实施化学需氧量、氨氮总量控制，提升水污染防治水平。全面启动县县建设污水处理厂工作，新增城市污水处理能力 5 000 万 t/d，污水处理率和负荷率达到 80%，日处理能力达到 1.5 亿 t，配套管网 16 万 km；把污泥治理成本纳入污水处理成本，所有污水处理厂污泥必须进行安全处置，污泥含水量超过 60%以上不得出厂，未实现污泥安全处置的相应扣减其主要污染物减排量；加大中水回用力度；加强运营监管，确保污水处理效率。推进农村分散式污水处理。积极推动面源污染防治，建立示范工程，开展面源削减与点源削减的抵扣政策试点。提高重点工业企业的氨氮排放标准；增强重点流域城市污水处理厂脱氮除磷功能；开展畜禽养殖场（小区）、畜禽散养密集区污染治理；推广测土施肥的方法，扩大有机农产品种植面积，减少农业生产化肥施用量。把总量控制要求分解落实到污染源，全面推行排污许可证制度。推进区域、流域特征污染物总量控制。到 2015 年，沿海地区、重点湖库等区域的总氮和总磷污染物排放总量比 2010 年有所减少，湘江等地区重金属排放量有所减少。

坚持陆海兼顾、河海统筹，实行海洋污染防治与海洋生态保护并举，防控陆上活动和海上活动对海洋环境的污染损害和生态破坏。加强海岸工程、海洋工程和海洋倾废的监督管理。在重点河口地区制定并实施流域—河口—近岸海域相协调的污染防治规划。努力遏制近岸海域生态恶化的趋势，降低赤潮、绿潮的危害，到 2015 年，近岸海域水质总体保持稳定，渤海、东海、长江口、珠江口海域的水质有所改善。加强海岸防护林建设，恢复和保护滨海湿地、红树林、珊瑚礁、海草床等典型海洋生态系统，加强海洋生物多样性、重要海洋生境和景观的保护。

以基础调查和典型示范为切入点，逐步推进地下水污染防治工作。开展地下水污染状况调查，实施重点场地地下水污染防治，逐步构建地下水污染防治管理体系。到 2015 年，地下水重污染地区污染加重的趋势有所缓解，地下水集中式饮用水水源地水质达标率大于 90%。

（二）大气环境保护

以改善大气环境质量和保护人体健康为切入点，以区域、城市大气污染防治和重点行业污染控制为重点，加快推进多污染物综合控制。全面加强对 SO_2、NO_x、颗粒物排放的控制，重视挥发性有机物、有毒有害物质控制，兼顾 CO_2、汞等全球性污染物的协同减排，建立健全相应的多污染物控制法规、政策、技术和监管机制。

以改善城市环境质量为中心，全面加强大气污染防治。①继续实施全国 SO_2 排放总量控制，从注重重点行业污染削减向相关行业全面减排转变。电力行业 SO_2 减排要突出结构调整与脱硫设施的稳定运行；钢铁、石化、水泥、有色金属等非电力行业 SO_2 减排突出脱硫设施建设与结构调整；工业锅炉要突出结构升级，加强集中供热，加大小锅炉淘汰，大吨位锅炉因地制宜采取脱硫减排措施。妥善处理处置脱硫石膏。②全面加强 NO_x 总量控制，加强重点行业、重点区域的控制，形成以削减火电行业排放为核心的工业 NO_x 防治和以削减机动车排放为核心的城市 NO_x 防治体系。电力行业全面实施低氮燃烧技术，新、扩、改建机组必须配套烟气脱硝设施；重点区域现役机组和其他地区 30 万 kW 以上现役机组在采取低氮燃烧的基础上逐步实施脱硝设施改造；开展工业锅炉低氮燃烧和水泥、钢铁等行业脱硝示范；全面提升机动车污染控制水平，2011 年全面实施国家第四阶段机动车排放标准，进一步推动车用燃油低硫化进程，2015 年前重点区域全面供应符合国四标准的油品。加强非道路移动源和船舶的污染排放控制。③深化颗粒物污染控制，全面加强工业烟尘、粉尘和城市扬尘的控制，进一步提高治理设备的除尘效率，火电行业普遍推广使用袋式除尘器、电-袋复合除尘器等高效除尘设施，颗粒物严重超标的城市实施更加严格的烟尘、粉尘排放标准。④积极开展有毒有害空气污染物控制，大力推进工业 VOCs 排放控制，加强加油站油气回收，逐步实施大气汞排放控制。

推进区域大气污染联防联控，控制区域复合型大气污染。在京津冀、长三角、珠三角等重点城市群，要统一规划、统一管理、统一标准、统一监测、统一执法。实施城市清洁空气行动计划，深化产业结构和能源结构调整，优化工业布局，实行城市空气质量分级管理，对空气质量不达标的地区采取限批措施。探索实行煤炭消费总量、机动车总量约束性控制的措施和途径。建立全面客观反映空气质量的标准体系，制定 8 小时臭氧环境质量标准并纳入空气质量评价体系，着手研究制定 $PM_{2.5}$ 空气质量标准，进行 $PM_{2.5}$ 和灰霾的监测评价试点，建立重点区域空气质量监测网络体系。

加强节能、提高能效，充分利用协同效应控制温室气体排放。制定气候友好型的环境保护规划。建立 CO_2 等主要温室气体排放清单及排放量统计制度。探索建立将减缓和适应气候变化的指标纳入环境影响评价指标体系。加强温室气体监测，加强减缓和适应能力建设。增加生态系统碳吸收能力。重点开展气候变化与环境质量、生态系统、人体健康、污染物减排协同控制等方面研究。选择重点行业、重点地区进行低碳经济试点，开展低碳政府机关示范、企业低碳技术创新、低碳产品认证和低碳社区建设，寻求我国的低碳经济发展之路，力争 2020 年单位 GDP CO_2 排放比 2005 年下降 40%～45%。

建立较为完善的环境噪声管理体系，改善城市声环境质量。修订《环境噪声污染防治法》，加强噪声污染防治法规标准体系和工作机制建设，建立较为完善的环境噪声管理体系。建立多部门联防联控噪声污染防治机制，大力推进施工噪声污染补偿政策，调整城市的声功能区划，加强社会生活、建筑施工和道路交通噪声的监管，积极开展乡村噪声防治工作，妥善解决噪声扰民问题。加强噪声污染基础研究，促进噪声与振动治理产业发展。

（三）土壤污染防治

加强法规、标准、制度建设，夯实土壤污染防治基础。开展土壤污染防治法立法研究，修订《土壤环境质量标准》。制定污染场地土壤环境保护监督管理办法，初步构建土壤污染防治的监督管理制度体系。建立土地使用土壤环境质量评估与样品备案制度。建立污染土壤风险评估和环境现场评估制度。开展全国和省级土壤环境功能区划，明确土壤分区控制、利用和保护对策。

加强监测、评估，强化土壤污染的环境监管。在土壤污染调查的基础上，对重要敏感区和浓度高值区进行加密监测、跟踪监测，对土壤污染进行环境风险评价。加强城市“退二进三”过程中被污染的工业场地的环境监管，禁止未经评估和无害化治理的污染场地进行土地流转和二次开发。

开展试点示范，探索土壤污染修复技术体系。建立优先修复污染土壤清单，初步形成污染土壤修复机制。以铬渣、POPs 等重金属、危险废物污染场地修复为重点，开展污染场地治理和修复试点工作，积极解决历史遗留问题。

（四）固体废物和化学品污染防治

优先推进危险废物污染防治。全面落实危险废物全过程管理有关制度，提升危险废物污染防治水平，降低危险废物环境风险。建立危险废物管理考核制度，危险废物产生单位污染防治达标率达到 90%。以年产生危险废物 50 t 以上和具有急性毒性、反应性、易燃性、腐蚀性等特性危险废物的产生单位为重点，加强环境监管，从源头上杜绝危险废物非法转移。促进危险废物利用和处置行业产业化、专业化和规模化发展，淘汰一批落后的利用处置设施，坚决取缔污染严重的废弃铅酸蓄电池非法利用设施，形成一批达到国际先进水平的具有龙头带动作用的危险废物利用处置企业，控制危险废物填埋量。加强医疗废物管理，到 2015 年，大、中城市医疗废物基本实现无害化处置，农村等偏远地区医疗废物安全风险基本控制，医疗废物集中处置设施负荷率达 90%。推进铬渣等历史堆存和遗留的危险废物安全处置，确保新增铬渣当年全部无害化利用处置。进一步规范实验室危险废物等非工业源危险废物的管理。建设危险废物减量化示范工程。

着力突破工业固体废物污染防治薄弱环节。完善和落实有关鼓励工业固体废物利用和处置有关优惠政策，强化工业固体废物综合利用和处置的技术开发，拓宽废物综合利用产品的市场。到 2015 年，工业固体废物综合利用率达到 70%。加强磷石膏、赤泥、锰渣、铸造废砂等大宗工业固体废物堆存的污染防治。继续推进限制进口类可用作原料的进口废物的圈区管理，加大预防和打击废物非法进口的力度。推动实施生产者责任延伸制度，规范并有序发展电子废物处理行业。制定生活污水处理厂污泥利用处置规划，建设利用处置设施，提高污泥利用处置率，加强污泥利用处置的全过程追踪监督管理。依法推进固体废物污染防治信息公开工作。

提高生活垃圾处理水平。全面开征城市生活垃圾处理费，有计划、有步骤地提高生活垃圾处置收费标准。到 2015 年，生活垃圾处理能力达到 35 万 t/d，无害化处理率不低于 80%。整治简易垃圾处理或堆放设施和场所，强化生活垃圾填埋场运行管理和渗滤液排放的环境监管。建设焚烧飞灰、厨余垃圾处理、渗滤液污染控制示范工程。

构建化学品环境管理战略与基本制度体系。筛选重点环境管理危险化学品名单，建立健全化学品环境管理法规、政策、标准及风险评价规范和技术方法。建立和完善化学品环境管理登记制度、重点环境管理危险化学品转移排放制度、风险评价制度。优先在重点行业、重点区域开展危险化学品生产使用情况调查。加强化学品环境管理基础能力建设，建立国家及地方化学品环境管理信息系统。

（五）工业污染防治

严格环境准入，促进技术进步和结构调整。从源头预防、过程控制、末端治理、回收利用的各个环节，围绕重点行业的污染特征、产污强度和排污强度等指标，建立更加严格的环境准入制度，进一步完善重点工业企业防控体系，推动污染减排从末端向中端和前段延伸，促进发展方式转变。

加强环境管理，实现企业污染排放稳定达标。开展排污大户定期审计和信息公开。建立工业行业污染治理设施建设标准、设计规范和技术管理体系，将环境管理从排污口向环保设备、环保设施延伸，不断提高企业防污治污能力。到 2015 年，工业企业污染排放稳定达标率达到 90%。

加大淘汰力度，降低污染负荷。实施区域重大项目联合审批，加强产业转移环境监管，严格控制产能过剩行业的项目建设。提高重污染落后产能企业信贷风险等级，实施差别电价、差别水价、差别排污费等限制政策，建立重污染企业退出补偿机制。建立企业环境行为评价制度，强化污染减排的倒逼传导机制。到 2015 年，单位产品污染物产生强度降低 40%，单位工业增加值用水量降低 30%，单位工业增加值固体废物产生量降低 40%。

全面推行清洁生产，大力发展循环经济。强化对重点企业的强制性清洁生产审核，将实施清洁生产作为环保验收、环保专项资金申请、污染减排的重要条件。完善上市公司环保核查制度，加大对上市公司的环保后督察和环境信息公开力度。推动工业园区和工业集中区生态化改造和产业结构优化升级。推行绿色制造，发展绿色经济。

（六）环境风险防范

加大防治力度，着力解决重大环境安全隐患。划定重点防控区域，完善定期监测和公告制度，实施重金属污染物特别排放限值。加强重金属污染综合治理，开展重金属污染治理与修复示范。对于排放重金属、持久性有机物、危险废物和使用危险化学品的工业企业，实行分类管理，充分利用物联网，实行全过程监控。大力推进持久性有机物防治，二噁英排放得到有效控制。积极推动历史遗留问题的逐步解决。

建立长效机制，严格防范环境风险。把环境风险纳入环境管理，从环境影响评价、环境质量标准制定、过程控制、竣工验收等环节建立制度，实施风险评价，建立环境风险防范技术政策、标准、工程建设规范。启动环境安全风险防范与应急的研究和调查工作，识别环境风险的高发区域和敏感行业，加强对重大环境风险源的动态监控与风险控制。规范企业环境管理，加大对中小企业的管控力度，建立企业特征污染物监测报告制度。提高环境与健康风险评估能力。

（七）农村环境保护

统筹城乡，加强薄弱环节，编制实施农村环境保护规划，大力开展农村环境综合整治，建立农村环境综合整治目标责任制。全面启动农村清洁家园、清洁田园、清洁水源建设。全面落实“以奖促治，以奖代补”政策，率先针对重点流域、区域和问题突出地区开展集中整治。出台村庄环境综合整治建设标准，环境问题突出的村镇基本得到治理。加强农村饮用水水源地污染防治工作。以加大畜禽养殖污染防治力度为突破口，强化农业环境监管工作。控制农业生产和农民生活过程中的污染物排放，严格控制农村工矿污染，改善农村环境。

（八）生态保护

以维护国家重要生态功能为核心，全面启动重要生态功能区保护建设。针对国家确定的限制开发区域，实施“减轻压力、休养生息”的方针，整合生态保护与建设工程，建立一批重要生态功能保护区，加快区域生态功能的恢复。完善区域生态环境质量评估体系。探索建立流域生态系统健康管理模式。

以保护生物多样性为重点，加强自然保护区建设监管，有效遏制生物多样性持续下降趋势。提高自然保护区的管护能力与规范建设水平，推动自然保护区建设从“数量型”向“质量型”转变，完成 100 个国家级自然保护区的规范化建设，到 2015

年，自然保护区面积占国土面积的比例达到 16%。加强生物多样性关键区域保护和监管，开展生物多样性保护示范区、重点监管区和恢复示范区建设试点，建立生物多样性监测、评价和预警制度。发布受威胁动植物“红色名录”。

主动应对我国物种资源丧失流失的严峻形势，加大生物物种资源的保护和管理，强化生物安全管理。实施《全国生物物种资源保护与利用规划纲要》。进一步开展重点地区物种资源调查。建立国家级种质资源库，推动重点地区和行业的种质资源库建设。控制物种及遗传资源的丧失流失，加强对生物物种资源出境的监管。强化对转基因生物体和环保用微生物利用的监管，开展外来有害物种防治。

以资源开发的环境监管和生态示范建设为载体，推进生态保护齐抓共管。制定和完善矿山开发、旅游开发等的环境监管规章、标准，规范开发建设活动。继续开展生态环境监察，加大对资源开发造成的生态破坏的监督检查。推动地方落实生态功能区划，发挥生态功能区划对资源开发的引导和约束作用。加强地方生态建设示范区工作的指导，大力推进生态文明试点示范。

（九）核与辐射安全监管

完善法律、法规和标准，加强监管能力建设。提高核能与核技术行业的核安全文化素养，健全和完善核与辐射安全及放射性污染防治的法规和标准体系，建立和健全核与辐射安全及放射性污染防治的监管体系和队伍。建立和配备针对核与辐射安全及放射性污染的有效评价体系和检测手段，扶持和建立核与辐射安全及放射性污染防治的研究平台，包括核设施安全监管能力、核安全设备监管能力、辐射环境监测能力、放射性物品运输能力、放射性废物安全处置监管能力、核技术利用监管能力、共用条件（包括事故预警和应急）等方面。加强放射性监管，进一步减排辐射事故。完善国家辐射环境监测网。健全和完善与我国核能与核技术发展相适应的核与辐射安全监管组织体系，加强核与辐射安全监管队伍建设，强化监管机构，完善监管体制机制，加强监管能力建设，强化对核能、核技术项目的严格监督执法，全面提高安全水平。

综合解决历史遗留问题。开展核基地与核设施放射性现状监测与评价。明确政府在“三废”治理项目中的主导地位。根据国家中长期《核安全与放射性污染防治规划（2006—2020 年）》，全面促进核设施退役、乏燃料后处理、放射性废物运输与处置。出台全面的放射性废物管理政策，尽快制定国家处理军工等核设施、核基地退役和治理、历史遗留放射性污染防治和环境治理的行动计划，促进设立核设施退役和放射性废物处理处置基金，确保遗留问题尽快解决。

促进核与辐射安全技术进步。开展有关应用研究和技术开发，在一些相关的重大技术研发领域有所突破，建立并保持对放射性危害的有效防御，以保护人员、社会和环境安全，保证核能及核技术利用的可持续发展。不断改进反应堆的安全水平，全面提高我国核燃料循环设施的安全水平，采用新技术和新工艺促进潜在危险性较大的辐照加工和工业探伤等核技术应用行业的技术更新换代。

（十）环境监管能力建设

以建立与新时期环境保护任务需求相匹配的环境监管能力体系为方向，以推进环境监管基本公共服务均等化为要求，以基础、人才、保障三大工程为重点，配精省级、配强市级、配齐县级，系统提升环境监管水平。

大力夯实环境监管基础。进一步推进环境监测、监察机构标准化建设。省级环境监测站全面达标率不低于 80%，地市级环境监测站全面达标率不低于 50%，县级环境监测站基本达标率比 2010 年提高 20 个百分点。省级与地市级环保执法队伍全面达标率不低于 80%，县级环保执法队伍建设基本达标。按照环保任务需求合理配备仪器设备，重点加强环境监测与监察应急能力建设，提升监测预警水平，建设环境监测信息发布平台，设立区域环境监测中心。开展环境监测执法业务用房建设。优化点位布局，完善空气、水质自动站建设，健全国家环境监测、监察网络。扩大环境监测指标与范围，加强 $PM_{2.5}$、POPs、温室气体、VOCs、臭氧等环境监测能力。建立农村环境监管体系，推进省级和重点城市饮用水水质全分析能力建设，加强地下水监测能力，建设国家生态观测站和生物监测分中心，加强土壤环境监测和监管能力建设。

强化环境监管保障。理顺环境监管体制，完善运行机制。保障运行经费、维护经费、更新改造经费。建立健全环境监测质量管理制度体系，建成较为完备的环境监测业务、监测技术、质量管理技术和保障体系。加强数据质量控制，完善环境监测技术体系和数据综合分析能力。修改完善环境监测、监察等建设标准与达标验收办法。

五、关于政策措施

（一）加强评估考核，落实环境目标责任制

在进一步强化污染减排考核的同时，积极稳妥地推进质量考核。要优化控制监测断面（点位）、调整运营机制，加大质量评估、监督、考核力度，加强重点流域水污染防治专项规划考核工作，推进集中式饮用水水源地环境状况评估工作。国家对区域性总量控制因子进行评估。地方各级人民政府要把环境保护规划目标、任务、措施和重点工程项目纳入本地区经济和社会发展规划。加强评估考核工作，将考核结果作为地方政府领导干部综合评价和企业负责人业绩考核的重要内容，实行“一票否决制”。建立重金属等严重危害群众健康的重大环境事件和污染事故的问责制和责任追究制。建立生态文明建设指标体系，并在干部考核任用体系中增加生态文明的内容和指标。

（二）建立综合决策机制，优化经济社会发展

实施系统科学的环境管理，提高环境管理效能，形成有利于资源可持续利用、

环境友好、生态文明的环境管理体制，充分发挥环境保护参与综合决策的作用。编制全国环境功能区划，引导产业合理布局和环境合理保护。全面建立规划环境影响评价体系，区域流域海域开发利用、重要产业发展和城市建设等都要实施规划环境影响评价，并且作为有关建设项目环评审批的前置条件，把环境容量作为区域和产业发展的决策依据，以此确定发展规模、产业结构和布局，从决策源头防止环境污染和生态破坏。以环境保护为基础，重点城市实施城市环境保护总体规划试点。

（三）健全法规标准体系，严格执法监督

完善国家环境法制，强化环境保护责任。修订《环境保护法》《大气污染防治法》《环境噪声污染防治法》，制定土壤污染防治法、有毒化学品控制法、国家珍稀自然遗产保护法、核安全法等法律法规。继续完善并严格实施污染物排放标准，增加非常规污染物的控制标准、优先控制污染物名录，制定应急状态下的环境质量标准。建立单位产品或单位工业增加值的污染产生量、排放量的评价制度，促进污染防治由末端控制向全过程控制延伸。提高环境执法的刚性和权威，设立行为处罚方式，探索按日处罚，继续深入开展环保专项行动，积极开展环保后督察工作。

（四）完善环境经济政策，建立长效机制

建立反映资源环境成本的价格机制，适度提高排污费收费标准，全面落实污水和垃圾处理收费，深化关键性资源性产品的定价机制改革，制定有利于资源节约和环境保护的税收优惠政策，推动环境税制度建设。制定并实施烟气脱硝电价政策，对可再生能源发电和垃圾焚烧发电厂实行优先上网和补贴政策，建立激励清洁能源发展的电价机制。将高风险行业纳入绿色保险体系，建立环境污染责任保险制度，推进环境污染损害鉴定评估，深化绿色信贷，推进主要污染物排污权有偿使用和交易。开展自然保护区、重要生态功能保护区、资源开发的生态补偿试点，扩大试点类型和范围，建立基于跨界断面水质目标的流域生态补偿与污染赔偿机制。

（五）强化环保科技支撑，发展环保产业

坚持“自主创新、支撑发展、重点跨越、引领未来”的科技发展方针，充分发挥环境科技对环保工作的引领、支撑和保障作用。开展环境科学基础理论研究，确立生态文明的基本理论与技术体系，建设环境保护决策科技平台，建立和完善国家环境科技创新体系。大力开发与污染控制、生态保护和风险防范的高新技术、关键技术、共性技术，产学研相结合，加强市场培育，将相关技术成果尽快转化为产品和服务，促进环保产业快速健康发展。扶持具有我国自主知识产权的SCR技术，加大对国产催化剂生产技术研发的支持，研发适合我国国情的低成本的NO_x控制技术，加强重金属、POPs和危险化学品的环境风险控制技术研发。积极开展燃煤和有色金属冶炼大气汞防治技术研发，加强工业挥发性有机污染物治理技术研发。大力发展以脱硫、脱硝等减排设备和环境监测设备为主的装备制造业，鼓励环境设施的社会化建设运营，以环境影响评价、环境技术研发与咨询、环境工程服务、环境风险管理为重点，推行环境监测社会化试点，大力发展环保服务业。

推动高级环境科技人才队伍建设，实施环境科技领军人才培养和引进计划、“环境学者”计划、“111”环境科技人才工程，努力造就一支数量充足、结构合理、适应环境形势发展需要的高素质创新型科技人才队伍。加大环境监测与执法人才队伍建设，加强重点业务领域和基层、农村、中西部等地区环保人才队伍建设。建立和完善选人用人机制、考核评价机制、分配激励机制和人才引进机制。

（六）多渠道筹措资金，增加环保投入

合理划分环境保护事权、财权，厘清各级政府在环保投入中的责任。强化政府环保投入的主体地位，强化“211 环境保护”预算科目经费保障，构建环保支出与GDP、财政收入增长的联动机制。提高新增财力政府预算中环保投入比重，建立环境保护投资稳定增长机制。各级政府要将提供环境基本公共服务作为主要职责，加大投入，积极推动，中央财政要对因财力不足难以达到设定的基本环境公共服务标准的地方予以补助和支持。将区域环境状况作为实行财政转移支付的重要因素。增加长期建设国债用于环保的支出额度，优化资金使用方式。创新环境金融产品，制定有利于环境保护投资的税费政策，引导银行、企业和社会投资。及时公布环境治理工程、环保技术需求等，完善有关政策，引导社会投资环保。

（七）加强环境宣传教育，动员全社会积极参与环境保护

完善环境宣传教育体系，加强面向不同社会群体的环境宣传教育和培训，进一步增强公民的环境意识。积极发展生态文化，提升社会生态文化氛围。加强环境标志认证，倡导绿色消费，逐步建立环境友好型消费体系和生活方式。推进城镇环境质量、重点污染源、重点城市饮用水水质、企业环境信息公开。广泛团结动员社会各界力量，发挥环境 NGO 的积极作用，走环境保护群众路线，建立环保统一战线。

（八）积极履行国际公约，开展国际合作

坚持“共同但有区别的责任”原则，积极参与国际环境公约、核安全公约和世贸组织环境与贸易谈判，维护我国环境权益。建立国际环境公约领导与协调机制，加大中央财政对履约资金的投入，积极探索国际赠款、中央财政与其他渠道资金相结合的新型履约资金机制。深化与发达国家、周边国家和发展中国家的环境合作，在绿色经济政策、环保资金投入、项目建设、风险管理、技术研发和转让，以及基础能力提升等方面开展交流与合作。调整国际贸易模式，增加技术引进，减少生产型污染输入，完善和修订高污染、高风险产品名录，控制“两高一资”产品的出口，限制废旧资源和奢侈品的进口贸易。